泰安市社科理论课题“政府审计服务泰安市生态文明建设研究”研究成果
山东省教学改革重点项目（项目编号：2015Z068）阶段成果
山东科技大学优秀教学团队（项目编号：JXTD20160511）资助
山东科技大学人文社科基地研究成果

政府审计服务生态文明建设理论与实践

国凤兰　于　雷　著

中国铁道出版社
CHINA RAILWAY PUBLISHING HOUSE

内 容 简 介

本书立足我国生态文明建设实际和政府审计“免疫系统”功能使命，研究政府审计服务生态文明建设的理论与实践。全书共十一章，在分析政府审计服务生态文明建设的理论基础上，分析政府审计服务使命，探讨生态文明建设对政府审计的服务诉求。研究生态文明建设过程中政府审计的角色定位、服务作用机制与着力点，研究审计服务目标、思路和针对不同生态文明建设类型的服务路径，分析政府审计服务生态文明建设现状、问题、成因，借鉴国外先进经验，提出推进政府审计服务生态文明建设的措施，并结合理论研究，提供了政府审计服务生态文明建设的实践案例。

本书研究成果能够为政府审计实践提供理论指导，可作为政府审计机构人员、其他从事审计工作的人员、高校会计和审计专业师生，以及关注审计改革与发展人员的参考书。

图书在版编目（CIP）数据

政府审计服务生态文明建设理论与实践 / 国风兰，于雷著 .—北京：中国铁道出版社，2018.10

ISBN 978-7-113-24964-9

Ⅰ.①政… Ⅱ.①国… ②于… Ⅲ.①生态环境建设－政府审计－研究－中国 Ⅳ.①X321.2 ②F239.63

中国版本图书馆 CIP 数据核字（2018）第 215416 号

书　　名：政府审计服务生态文明建设理论与实践
作　　者：国风兰　于　雷　著

策　　划：张文静　　　　**读者热线：**（010）63550836
责任编辑：张文静　冯彩茹
封面设计：刘　颖
责任校对：张玉华
责任印制：郭向伟

出版发行：中国铁道出版社（100054，北京市西城区右安门西街 8 号）
网　　址：http://www.tdpress.com/51eds/
印　　刷：北京虎彩文化传播有限公司
版　　次：2018 年 10 月第 1 版　　2018 年 10 月第 1 次印刷
开　　本：787 mm×1 092 mm　1/16　**印张：**12.5　**字数：**242 千
书　　号：ISBN 978-7-113-24964-9
定　　价：45.00 元

前　言

党的十九大报告指出："建设生态文明是中华民族永续发展的千年大计。必须树立和践行绿水青山就是金山银山的理念，坚持节约资源和保护环境的基本国策……实行最严格的生态环境保护制度……"

生态环境是社会经济可持续发展的重要影响因素，是关系国家发展和人民生活的最关键因素之一，是政府监管的重要责任。作为国家"免疫系统"的政府审计应对社会生态环境进行监督和评价，保护社会生态环境良性发展。政府审计以生态文明理念监督生态文明建设实践，是政府审计的重要使命。

全书共十一章，其主要内容如下：

第一章主要阐述研究的背景、目的、意义，国内外研究现状综述，分析相关研究理论基础，揭示政府审计服务生态文明建设所具备的丰厚理论源泉。

第二章主要是政府审计基本理论，研究政府审计的起源、发展，探究政府审计的职能、作用，揭示政府审计与国家治理的紧密关系，反映政府审计服务生态文明建设的国家治理要求。

第三章主要是生态文明建设内涵与 SWOT 分析。研究生态文明建设的内涵、特点、目标、原则、内容与任务等基本理论，分析生态文明建设的优势、劣势、机遇和挑战，为研究政府审计服务生态文明建设提供理论与现实基础。

第四章主要研究生态文明建设、政府生态责任以及政府审计三者的关系，揭示政府审计在生态文明建设中服务作用的必然性。

第五章主要分析生态文明建设过程中政府审计的地位和服务优势，政府审计服务使命，探讨生态文明建设对政府审计的服务诉求。

第六、七章主要研究政府审计服务生态文明建设的作用机制和具体路径。研究政府审计服务生态文明建设的"监督人""评价人""免疫人"角色定位，探究监督与评价、揭示、预警、威慑和抵御作用机制，多视角研究政府审计服务生态文明建设的着力点。明确政府审计服务生态文明建设的审计目标、思路，结合我国五种生态文明建设类型，研究政府审计服务的具体路径，为我国政府审计服务生态文明建设实践提供理论依据。

第八章至第十章，主要分析目前我国政府审计服务生态文明建设的现状、问题，揭示问题的原因。在借鉴美国、加拿大和荷兰政府资源环境审计服务生态建设和环境保护的经验基础上,结合我国生态文明建设实际,从政府层面、审计机构层面和审计人员、审计科研机构、审计中介机构层面探讨推进政府审计服务生态文明建设的措施。

第十一章通过环保资金专项审计、工程项目跟踪审计和污水垃圾处理项目跟踪审计案例，研究政府审计服务生态文明建设的具体实践。

本书的主要特色是在科研团队成员研究成果的基础上，理论与实践相结合，充分阐述相关理论基础，重点研究生态文明建设过程中，政府审计的角色定位、服务作用机制与着力点，审计目标、思路和对不同生态文明建设类型的服务路径。分析政府审计服务生态文明建设现状、问题、成因，借鉴国外先进经验，提出推进政府审计服务生态文明建设的措施，并结合理论研究，提供了政府审计服务生态文明建设的实践案例。

本书立足我国生态文明建设实际和政府审计“免疫系统”功能使命，研究政府审计服务生态文明建设的理论与实践案例。研究成果能够为政府审计实践提供理论指导，为相关部门政策制定提供重要参考。

本书是泰安市社科理论课题“政府审计服务泰安市生态文明建设研究”研究成果，是山东省教学改革重点项目（Z2015068)、2016 年山东省高水平应用型建设（自筹经费）工商管理专业群和山东科技大学人文社科基地的阶段性研究成果，得到山东科技大学“基于应用能力培养的会计学专业”优秀教学团队（JXTD20160511）的资助。

本书由国凤兰和于雷著。在写作和出版过程中，得到山东科技大学同仁及中国铁道出版社的大力帮助，在此一并致谢，同时感谢参考文献的各位作者给予的文献帮助。由于时间紧迫，加之著者水平有限，书中难免存在疏漏和不足之处，欢迎各位专家、读者批评指正。

国凤兰
2018 年 7 月

目　录

- 第一章　绪论……1
  - 第一节　研究的背景、目的与意义……1
  - 第二节　国内外研究现状综述……3
  - 第三节　政府审计服务生态文明建设的理论基础……18
- 第二章　政府审计的演进、职能与作用……25
  - 第一节　政府审计的起源……25
  - 第二节　政府审计演进历程……28
  - 第三节　政府审计的职能……38
  - 第四节　政府审计的作用……42
  - 第五节　政府环境审计的发展、变迁与启示……44
- 第三章　生态文明建设的内涵与SWOT分析……49
  - 第一节　生态文明建设的意义……49
  - 第二节　生态文明建设的内涵与特点……55
  - 第三节　生态文明建设的目标、原则、内容与任务……60
  - 第四节　我国生态文明建设的SWOT分析……63
- 第四章　生态文明建设、政府生态责任以及政府审计关系研究……68
  - 第一节　政府生态责任内涵……68
  - 第二节　政府治理下的政府审计……70

第三节　生态文明建设、政府生态责任与政府审计三者的关系..........74

第五章　政府审计服务生态文明建设的使命与外在诉求..............77

第一节　政府审计服务生态文明建设的依据..77

第二节　政府审计服务生态文明建设的地位与优势..............................78

第三节　政府审计服务生态文明建设的使命..79

第四节　生态文明建设对政府审计的服务诉求......................................81

第六章　政府审计服务生态文明建设的角色、作用机制与着力点.....84

第一节　政府审计服务生态文明建设的角色定位..................................84

第二节　政府审计服务生态文明建设的作用机制..................................88

第三节　政府审计服务生态文明建设的着力点......................................92

第七章　政府审计服务生态文明建设的目标、思路与路径...........95

第一节　政府审计服务生态文明建设的目标..95

第二节　政府审计服务生态文明建设的思路..98

第三节　政府审计服务生态文明建设的路径..99

第八章　政府审计服务生态文明建设的现状、问题及成因..........106

第一节　政府审计服务生态文明建设的现状与问题............................106

第二节　政府审计服务生态文明建设问题的成因分析........................108

第九章　国外政府审计服务生态文明建设的经验借鉴与启示......111

第一节　国外政府审计服务生态文明建设的经验借鉴........................111

第二节　国外政府审计服务生态文明建设的启示................................118

● 第十章　推进政府审计服务生态文明建设的措施........................120
第一节　基于政府层面........................120
第二节　基于政府审计机构和审计人员层面........................121
第三节　基于审计科研机构和中介机构层面........................124
● 第十一章　政府审计服务生态文明建设的实践........................126
第一节　拨开迷雾重现蓝天——环保资金专项审计........................126
第二节　捕捉漏洞，促进项目健康发展——工程项目跟踪审计........130
第三节　污水垃圾处理项目跟踪审计........................133
● 附录A　中华人民共和国国家审计准则（2010年）........................140
● 附录B　关于全面加强生态环境保护坚决打好污染防治攻坚战的意见（2018）........................170
参考文献........................183

第一章 绪 论

第一节 研究的背景、目的与意义

一、研究背景

改革开放以来，我国经济得到了快速发展，人民生活发生了翻天覆地的变化。但是，过去高消耗、高增长的粗放式工业经济发展模式，让我国付出了昂贵的环境代价：局部空气污染、部分地区土地流失沙化，生态环境承载能力接近或达到上限。我国生态环境问题极其严峻。改变我国生态现状，建设生态文明的美丽中国是各级政府的职责所在，是构建社会主义和谐社会，实现中华民族伟大复兴的中国梦的必然要求，是我国可持续发展的千年大计。

党的十七大报告指出："建设生态文明，基本形成节约能源资源和保护生态环境的产业结构、增长方式、消费模式。循环经济形成较大规模，可再生能源比重显著上升。主要污染物排放得到有效控制，生态环境质量明显改善。生态文明观念在全社会牢固树立……"党的十八大报告指出："树立尊重自然、顺应自然、保护自然的生态文明理念，把生态文明建设放在突出地位，融入经济建设、政治建设、文化建设、社会建设各方面和全过程"。党的十九大报告提出：" 建设生态文明是中华民族永续发展的千年大计"。

生态文明建设，是关系人民福祉，关系民族未来的长远大计。现在，我国生态文明建设已由国家战略，上升为国家千年大计，成为各级政府工作的重中之重。

生态文明建设是一个系统工程，具有丰富的内涵，体现在政治、经济、文化和社会的各个层面。

生态文明建设是一个长期的工程，不可能一蹴而就，它需要经过漫长的建设过程，需要社会提供多方面的服务，并接受多方面的监督。

政府审计作为国家“免疫系统”和监督机构，在生态文明建设过程中应发挥其应有的服务功能。

那么，我国“千年大计”——生态文明建设过程中有哪些审计诉求？在生态文明建设过程中政府审计服务的着力点在哪里？政府审计服务路径如何……，这些都是我国生态文明建设过程中亟待解决的问题。

二、研究目的

党的十九大报告指出，“建设生态文明是中华民族永续发展的千年大计。必须树立和践行绿水青山就是金山银山的理念，坚持节约资源和保护环境的基本国策。实行最严格的生态环境保护制度。必须坚持节约优先、保护优先、自然恢复为主的方针，形成节约资源和保护环境的空间格局、产业结构、生产方式、生活方式。构建市场导向的绿色技术创新体系，发展绿色金融，壮大节能环保产业、清洁生产产业、清洁能源产业。加强对生态文明建设的总体设计和组织领导，设立国有自然资源资产管理和自然生态监管机构，完善生态环境管理制度……”以上生态文明建设内容，也是政府审计的重点。

我国对生态文明建设的系统研究起步较晚，相关领域的实践经验也不太丰富。虽然国内外对政府审计的地位、作用等理论问题已有比较成熟的理论、取得了比较丰富的研究成果，但是政府审计服务生态文明建设研究属于新常态下的新课题，尚未有系统、成熟的研究成果。因此，应结合生态文明建设和政府审计实际，研究政府审计在生态文明建设过程中的角色定位、政府审计服务生态文明建设的作用机制和着力点等关键问题，以推动生态文明建设的进一步发展，这是一项紧迫且具有理论和现实价值的研究课题。本研究旨在探索政府审计在生态文明建设中的地位、作用，政府审计服务生态文明建设的机理以及服务的着力点，以及政府审计服务生态文明建设的路径等理论与实践问题，为我国政府审计更好地服务我国生态文明建设提供理论指导，为社会审计、内部审计在我国生态文明建设中作用的发挥以及审计实践创新提供重要参考。

三、研究意义

为构建幸福和谐社会，党的十九大报告中把我国生态文明建设上升为“千年大计”，强调把生态文明建设融入经济、政治、文化、社会建设各方面和全过程，努力建设美丽中国，实现中华民族永续发展。政府审计作为国家治理的工具，在生态文明建设中应发挥其应有的服务和促进作用，那么，如何发挥政府审计在生态文明建设中的服务作用？这是具有理论和现实意义的重要课题。

（一）理论意义

研究我国生态文明建设过程中的审计诉求，探讨生态文明建设中政府审计的角色定位、服务作用机理，形成政府审计服务生态文明建设理论。

理论源于实践，理论又指导实践。政府审计服务生态文明建设理论为政府审计服务我国生态文明建设提供理论支撑，为生态文明建设指引方向；明确政府审计服务生态文明建设的角色定位，以便指导政府审计更好地、精准地服务生态文明建设这一复杂的系统工程。

（二）现实意义

深入探讨政府审计服务生态文明建设的着力点，为政府审计服务生态文明建设实践提供精准切入点，减少政府审计工作的盲目性。

研究政府审计服务生态文明建设路径，为政府审计拓展审计范围、制定审计路径和审计程序提供重要指导。

探究基于政府层面、审计机关层面和审计人员、科研机构、中介机构层面的政府审计服务生态文明建设的措施，对拓展审计范围、提升审计地位，建立健全有关规章制度提出了新要求，为政府审计机构服务生态文明建设的审计工作开展提供了有价值的指导。

研究政府审计服务生态文明建设实践，总结政府审计服务生态文明建设过程中的成功经验和不足，对成功经验进行学习并加以推广应用；吸收政府审计服务生态文明建设过程中的教训，对不足之处进行改进、完善，使之更好地发挥政府审计在我国生态文明建设过程中的服务、监督、免疫等功能，以促进我国生态文明建设目标更快、更好地实现。

第二节　国内外研究现状综述

一、生态文明建设国内外研究现状

（一）国外生态文明建设研究现状

1. 马克思主义生态文明思想

马克思在《1844 年经济学哲学手稿》中批判黑格尔时，明确指出“劳动的两面性：劳动能够给人类带来积极的作用，然而它也给人类带来了负面的消极影响。”1876 年，恩格斯指出：“我们不要过分陶醉于我们人类对自然界的胜利。对于每一次这样的胜利，自然界都对我们进行报复”[1]。在《自然辩证法》一书中，恩格斯指出“我们统治自然界，绝不能像征服者统治异族人那样，也绝不能像站在自然界之外的人似的；我们对自然界的全部统治力量，就在于我们能够认识和正确运用自然规律，要比其他一切生物都强”[2]。以上马克思和恩格斯的观点，充分体现了马克思主义的生态思想，同时也给我们一个重要的生态启示：人类在能动改造自然的过程中，必须尊重、顺应自然规律，使自然规律服务于人类需求，使人类和自然能够协调可持续的稳步向前发展。

2. 国外生态文明建设的理论与实践

20 世纪 60 年代之前，美国作家、思想家、自然主义者亨利 • 戴维 • 梭罗（Henry David Thoreau，1817—1862）的《瓦尔登湖》[3]、美国伦理学家奥尔多•利奥波德（Aldo Leopold，1887—1948）《沙乡年鉴》（1949，逝世后出版）中已开始关注生态环境问题，但由于生态环境问题对人们的社会生活和社会生产的影响还不太大，没有引起人们对生态问题的重视，即使后来出现了马斯河谷烟雾事件（比利时，1930 年）、洛杉矶光化学事件（美国，1943 年）、多诺拉烟雾事件（美国 1948 年），伦敦烟雾事件（英国，1952 年），水俣病事件（日本，1953—1956 年）、骨痛病事件（日本，1955—1972 年）等影响重大的环境公害，也被当时的人们认为是偶发事件，只在小范围内产生了一定的影响，没有引起人们对环境问题的普遍重视。但是，以上事件客观上推动着对于环境污染和影响的科学研究，促进了生态学等学科的发展。

20 世纪 60 年代初，美国海洋生态学家雷彻尔 • 卡森发表了震惊世界的《寂静的春天》一书。在该书中，她通过对合成杀虫剂 DDT 等药物滥用的生态学调查和研究，用触目惊心的案例和生动的语言阐述了大量使用农药后，对人类与环境产生的极大危害，深刻地揭示了资本主义工业文明背后资源环境的牺牲、人与自然的矛盾冲突，质疑了传统的“向大自然宣战”和“征服大自然”等理念的正确性，敲响了工业社会环境危机的警钟，引起了人们对生态环境问题的真正关注，唤醒了工业化国家的环境保护意识[4]。

环保意识和环保运动在西方发达国家兴起并引发对生态环境问题进行科学研究，开启了人类新的发展模式的探索。

20 世纪 70 年代以来，生态危机越来越严重，并呈现出全球性的特征。生态环境问题已经成为人们日益关注的重大问题，成为影响人们生存质量的一个重要因素。

1972 年，罗马俱乐部提交震惊世界的《增长的极限》研究报告，该报告大力倡导生态保护，被后人称为“绿色生态运动的圣经”。同年，联合国在瑞典的斯德哥尔摩召开了“人类环境会议”，一些有思想的学者开始对环境保护和生态文明进行相关研究。

1983 年联合国成立了世界环境与发展委员会，1987 年该委员会发布了标志生态文明的第一份纲领性文件——《我们共同的未来》。1992年，世界环境与发展委员会又通过了《21世纪议程》，进一步强调和深化了人们对可持续发展理论和生态文明理论的认识，同时拉开了生态文明时代的序幕。

1997年，联合国气候变化框架公约参加国三次会议在日本东京召开。在该会议上，制定了《联合国气候变化框架公约的京都议定书》（简称《京都协议书》），其目标是"将大气中的温室气体稳定在一个适当的水平，以防止剧烈的气候改变对人类造成的伤害"。

进入21世纪，各国加快了生态文明建设的研究和实践。2001年，美国经济学家莱斯特·R·布朗出版了《生态经济：有利于地球的经济构想》一书。在书中，他描述了美好的生态经济蓝图，同时唤醒民众并对各层面的决策者就改变传统发展观念提出意见并建议将其付诸于实践。之后，他又出版发行了《生态经济：有利于地球的经济构想》的姊妹篇《B模式—拯救地球延续文明》，书中强调继续推行"生态经济"的发展模式，同时进一步抨击传统的、现行的经济模式和发展模式，强调社会发展要以人为本，构建生态经济发展新模式。

1996年，美国著名的生态经济学家赫尔曼·E·戴利出版了《超越增长：可持续发展的经济学》一书，书中论述了可持续发展的中心理念，提出了可持续发展就是一种超越增长的发展观念。之后，他又出版了《新生态经济：使环境保护有利可图的探索》一书，书中提出了"新生态经济"概念，提出从创新角度应对全球环境危机的理念。

（二）国内生态文明建设研究现状

1. 中国传统文化中的生态文明思想

（1）儒家"天人合一"思想。"天人合一"即人类要利用"天道"的规律，要对"天"有所敬畏，指出人事需顺应天意，才能国泰民安。北宋的哲学家张载最早提出"天人合一"思想，他认为：天道和人道是贯通于一体的，两者之间应该和谐一致。儒家"天人合一"思想强调道德观、宇宙观、生态观，三观是不可分割的统一整体，人的活动不能违背自然生态规律，人应该像天一样对待生命。儒家"天人合一"思想从生态系统考虑，认为人类与自然界的万事万物相依相存，共同构成一个生命整体。

（2）道家"修德养性、素朴归真、虚怀若谷"思想。"道"是道家所有思想的核心和出发点，生长不息、运动不止、生世间万物。道家"修德养性、素朴归真、虚怀若谷"所体现的尊重自然、热爱自然、保护生态系统等生态文明思想，对我国生态文明建设有着极强的现实意义和指导意义。

（3）佛家"众生平等"思想。佛家思想认为，生命主体与生态环境统一于宇宙整体，宇宙中一切生命都是平等的，他们是相互联系和制约的。佛家"众生平等"的宇宙整体观思想，对生态保护和生态文明建设有着重要的现实意义[5]。

总之，中国传统文化中的儒家“天人合一”的生态自然观，道家万物一体、人要效法自然和顺应自然的道法自然观，佛家万物平等、慈悲为怀的生态实践观为解决我国生态危机、建设生态文明提供了思想指导。

2. 我国生态文明建设的实践

与西方发达国家相比，我国生态文明建设起步较晚。20 世纪 70 年代，我国才开始了生态文明建设的研究与实践。1972 年，中国政府派代表团参加了在瑞典的斯德哥尔摩召开的人类环境会议。1973 年 8 月，我国在北京正式召开了第一次全国环境保护会议。1979 年，我国正式通过了第一部关于环境保护的法律即《中华人民共和国环境保护法》（试行）。1984 年国务院成立了环境保护委员会。之后，我国开始了生态文明的研究，理论与实践方面均取得了较丰富的研究成果。

任恢忠和刘月生在《生态文明论纲》阐述了生态文明的内涵，指出：“生态文明是指人类在改造自然界的同时又主动保护自然界，积极改善和优化人与自然的关系，建设良好的生态环境所取得的物质成果、精神成果和制度成果的总和，它是生态生产发展水平及其积极成果的体现，是社会文明在人类赖以生存的自然环境领域的扩展和延伸，是社会文明的生态化表现。”[6]

佟玉冬和刘继光在《解读生态文明》中提出：“生态文明是物质文明、精神文明和政治文明的一个内容。这是因为物质文明、精神文明、政治文明是一类实体性的文明形式，它们具有独立性、主导性的特征，而生态文明是一种依赖性的文明形式。人们对生态文明的建设只能以物质文明、精神文明、政治文明的建设为载体和基础，因此，生态文明的成果也主要在物质文明、精神文明、政治文明中得以体现。”[7-8]

刘湘溶在《生态文明论》中指出：“生态文明是一种取代工业文明的更高级的文明形态，它不仅追求经济、社会的进步，而且追求生态进步，它是一种人类与自然协同进化，经济、社会与生物圈协同进化的文明。因此，生态文明与物质文明、精神文明之间并不属于并列关系，生态文明的概括性与层次性更高、外延更宽。”[9]

伍瑛在《生态文明的内涵与特征》中提出：生态文明的内涵应该包括人与自然的和谐共处，协调发展；社会物质生产向生态化发展；消费趋向文明，并提出生态文明是实现可持续发展战略的前提。作者还提出，应该进行观念创新、技术创新、生态环境保护意识创新，从而实现观念生态化、技术生态化和环保生态化。[10]

2002 年，党的十六大提出“不断增强可持续发展能力，逐步改善生态环境，显著提高资源利用效率，促进人与自然的和谐，推动整个社会生产发展、生活富裕、生态良好的文明发展。”

廖才茂在《生态文明的基本特征》一文中研究了生态文明的基本特征，他认为生态文明具有：价值支撑体系、科学技术支撑体系、产业支撑体系、政府行为与法律制度支撑体系、生产方式与消费方式支撑体系等5个特征。[11]

李金侠在《马克思主义生态文明观的新发展》一文中提出："生态文明是对工业文明的扬弃和超越，而工业文明价值观念是一种以人为中心的价值观、是一种经济价值观。生态文明要求形成一种"人与自然"系统的整体价值观和生态经济价值观，而非一种人类中心主义价值观。"[12]

俞可平在《科学发展观与生态文明》一文中指出：生态文明跟科学发展观是相统一的，在建设生态文明时应该将科学发展观融入其中，将建设和谐社会、实现小康社会、建设节约型社会与生态文明建设统一起来，实现我国经济社会的全面可持续发展。[13]

李良美在《生态文明的科学内涵及其理论意义》一文中认为人类要尊重自然，生态文明建设是价值观革命，保护生态环境是伦理道德的首要准则，生态文明是社会结构的重要组成部分，人类活动应由经济活动为主转向文化活动为主，把握生态时间，尊重生命，追求知识、智慧和环境质量是人生的目的，社会民主的绿化，整个人类的平等合作关系等。[14]

时任国家环保局副局长潘岳在《论社会主义生态文明》一文中提出："生态文明是指人们在改造客观物质世界的同时，不断克服改造过程中的负面效应，积极改善和优化人与自然、人与人的关系，建设有序的生态运行机制和良好的生态环境所取得的物质、精神、制度成果的总和。"[15]

张云飞在《试论生态文明在文明系统中的地位和作用》一文中提出："在整个人类文明系统中，生态文明事实上构成了物质文明、政治文明和精神文明的物质外壳。随着社会生产力的进步和人类改造和保护自然能力的增强，这一物质外壳在日益拓展其厚度、深度和广度。这样，就促使社会结构的三个基本层次改变自己的存在方式，以适应这种发展。在这个过程中，这一物质外壳已经从物质文明、政治文明和精神文明中独立出来，成为一种专门的文明形式。因此，从社会的结构层次上来看，人类文明就是由物质文明、政治文明、精神文明和生态文明构成的一个整体文明系统。"[16]

黄爱宝在《三种生态文明观比较》一文中提出："无论是工业文明还是生态文明，均是以人为中心的价值观。因为人类倡导建设生态文明，保护自然环境，最终也是为了保护自己，为了自己的整体利益和可持续发展。只不过人类中心主义有两种，一种是绝对人类中心主义，一种是相对人类中心主义。工业文明是以绝对人类中心主义为其价值观，而生态文明则是以相对人类中心主义为其价值观。"[17]

李鹏鸽在《简论生态文明》中提出："生态文明就是人类通过破除自我中心论而实现的人与人、人与自然的和谐发展与共存共荣，或者说是人类与自然环境的共同进化，与地球表层的共存，是地球生态系统中的社会生态系统的良性运行的一种'自然一经济一社会'的整体价值观和生态经济价值观。"[18]

尹成勇在《浅析生态文明建设》一文中指出，生态文明是科学发展观的具体体现。[19] 他认为应该从不断提升全民族的生态道德素质、发展循环经济、创造优美的生态环境、完善生态文明建设的政策体现和法律体系四个方面来推进我国的生态文明建设。

李红卫在《生态文明建设——构建和谐社会的必然要求》一文中提出，生态文明建设是构建和谐社会的必然要求，是顺应人类文明发展的必然选择，是解决我国目前高速发展诸多经济社会问题的必然出路，是建设社会主义文明体系的需要，是发扬中华民族优良文化传统的需要。[20] 同时作者认为，应该从增强生态意识、发展生态产业和循环经济、加快生态文明法制化建设、建立完善科学的社会核算体系、提倡和发展绿色消费五个方面提出政策建议。

朱英睿在《"后世博时期"上海构建城市生态文明的思考》一文中提出"生态文明是物质文明、精神文明和政治文明之后的第四类文明，我国应该从发展绿色工业、发展绿色消费、探索绿色 GDP 新政、创新生态金融与财税四个方面推进生态文明建设。"[21]

党的十七大报告中强调"要建设生态文明，基本形成节约能源、资源和保护生态环境的产业结构、增长方式、消费模式，循环经济形成较大规模，生态环境质量明显改善，生态文明观念在全社会牢固树立。"

党的十八大提出"建设生态文明，是关系人民福祉、关乎民族未来的长远大计。面对资源约束趋紧、环境污染严重、生态系统退化的严峻形势，必须树立尊重自然、顺应自然、保护自然的生态文明理念，把生态文明建设放在突出地位，融入经济建设、政治建设、文化建设、社会建设各方面和全过程，努力建设美丽中国，实现中华民族永续发展。"

党的十九大报告提出"建设生态文明是中华民族永续发展的千年大计，要坚持人与自然和谐共生，建设美丽中国。"

二、政府生态环境审计国内外研究现状

（一）国外研究现状

生态文明审计是环境审计的演进和升华，是环境审计的高级阶段。国外对于政府环境审计在促进生态环境保护方面的作用进行了诸多研究和探索。

在西方国家工业化大发展阶段，经济的粗放增长带来了严重的生态环境问题。为防止环境问题的进一步恶化，西方发达国家开始了环境保护和生态文明建设。作为环境保护监督的有效手段，西方发达国家开始重视环境审计工作，发挥环境审计在环境保护方面的作用，环境审计在政府、企业、私营组织得到快速发展。

1991年，一项对705家加拿大私营公司的调查表明，有57家公司制定了环境审计计划。[22] 1992年普华永道会计师事务所对236家制造业、公用事业、天然产业公司开展调查，调查结果显示很多公司均开展内部环境审计，其中有33%的公司开展了环境事项会计处理审计，40%的公司对环境法规遵循及其相关的报告进行审计，58%的公司对内部审计政策与程序遵循进行审计。[23] 同时，学术界和实务界开展了相关环境审计理论的研究。

1. 生态环境审计的定义

20世纪60年代末，西方部分发达国家开始了环境审计的研究。1962年雷彻尔•卡森《寂寞的春天》一书的出版，是学术界开始环境审计研究的里程碑。美国是环境审计研究的先驱，1969年，美国审计署开展了对水污染项目的审计，之后，加拿大、德国等西方国家纷纷开始环境审计研究。20世纪90年代之后，环境审计开始发展壮大。

Thomson（汤姆森）等提出："环境审计是环境管理系统的分支之一，管理层可以通过实施环境审计程序来检测环境控制系统对遵循监管规定、执行内部政策的保证程度。"[24]

国际内部审计师协会与国际商会等国际组织达成统一观点，认为"环境审计是由专门机构对与环保有关的业务经营及活动进行客观的、系统的、定期的监督审计。"[25]

最高审计机关国际组织（INTOSAI）在《从环境视角进行审计活动的指南》中提出"环境审计是用来描述管理审计、政府管理活动等特定环境治理活动的一种工具。环境审计应侧重于环境资产和负债的披露情况，法律法规的遵守情况，以及评价被审计单位为促进环境管理的经济性、效率性和效果性所采取措施的适当性等。"[26]

Brooks（布鲁克斯）等按照审计的具体内容，把环境审计进一步划分为环境管理系统审计、污染防范审计、环境负债审计、交易审计、遵循审计、产品审计等多个类型的环境审计。[27]

Todea（托狄亚）等提出，环境审计就是统筹分析影响企业环境的各种要素的一种审计工作。[28]

2. 生态环境审计参与生态环境保护的实施

西方发达国家关于环境审计参与环境保护实施的研究起步较早。

1986年，美国环保局（EPA）提出，会计师事务所或其他法定机构是参与环境保护的指导者，环境审计应当由会计师事务所或其他法定机构来主持。[29]

1995年，Josephine（约瑟芬）提出企业作为市场运行的主体，应重点对企业经营环境开展审计工作，咨询公司应承担该类审计的主要责任。

3. 生态环境审计参与生态环境保护的方法与程序研究

在生态环境审计研究的发展过程中，国外一些学者结合案例对环境审计的步骤和方法开展了诸多研究工作。

Perry（佩里）等利用环境审计，全面评估了爱达荷州的水质量管理计划。[30]

Boivin（博伊文）等详细阐述了环境审计计划的制订以及审计报告的撰写等环境审计的相关问题。[31]

Power（鲍尔）指出，在环境审计实践中，审计人员运用科学的技术方法开展审计工作，需要把财务审计和环境审计的方法进行有效结合。[32]

Elliott（雅利安）站在法律监管视角，深入研究了公司的环境审计问题，指出对环境具有潜在危害的公司实施环境审计的可能性更大。[33]

Natu（纳特）详细研究了生态环境审计的具体步骤。[34]

Diamantis（迪亚曼蒂斯）详细阐述了在实施环境审计过程中选择适宜的环境指标的具体程序问题。[35]

Johnston（约翰斯顿）等提出，计量环境影响可以运用环境影响评估法，借助德尔菲法让被审单位员工通过开展自我评价来确定环境影响程度。[36]

Stafford（斯塔福德）利用实证方法对美国不同州环境审计政策差异的影响因素进行分析，指出交叉模型和比例危害模型都显示，政治背景以及州与联邦政府关系是影响生态环境立法和监管政策的主要影响因素。[37]

Darnall（达纳尔）等运用利益相关者理论，通过实证方法研究不同组织、不同类型环境审计的运用情况。结果显示，环境审计的运用与利益相关者的影响有关且复杂。[38]

Moor（穆尔）进行了生态环境审计与传统财务报告审计步骤的比较研究。[39]

Stanwick（斯坦尼克）等指出，实施环境审计可以促使公司遵循相关的法律规章，减轻公司管理者潜在的法律责任，可以使公司避免环境危机和突发事件。此外，他们还对环境审计诉讼、环境审计程序等也开展了相应的研究。[40]

4. 生态环境审计准则与立法研究

国外关于生态环境审计的研究起步比较早，西方发达国家先后出台了生态环境管理体系标准、ISO14000 环境审计系列等生态环境准则。

早在 1992 年，英国标准协会（The British Standards Institute）制定了全球第一个环境管理体系标准 BS7750。该环境管理体系标准的内容主要包括：对环境方针、组织与人员、与环境效果有关的活动、环境目标与指标、环境管理活动推行方案、环境管理手册及文件、具体环境事项作业、环境管理记录、环境管理审核以及环境管理评审十个方面的要求。英国制定 BS7750 标准的目的是保证各组织遵循其声明的环境方针政策、遵循其制定的环境目标，并对各组织的遵循情况予以证实。[41]

1993 年 10 月，国际标准化组织（International Organization for Standard -ization，ISO）发布了 ISO14000 系列标准，并先后颁布了 ISO14001、ISO14004、ISO14010、ISO14011、ISO14012 和 ISO14040 共计六部环境管理标准，进一步规范了各国政府、企业以及社会组织环境行为。在这些标准中，与生态环境审计直接相关的标准有三个，分别是 ISO14010：《环境审核指南——通用原则》、ISO14011：《环境审核指南——审核程序：环境管理体系审核》和 ISO14012：《环境审核指南——环境审核员资格要求》。三个标准分别从生态环境审计的通用原则、审核程序以及审核员资格要求方面做出了具体规范要求。[42]

1999 年 12 月，国际注册环境审计师委员会（BEAC）发布了注册环境审计师实务准则。该实务准则对道德准则、环境、健康和安全实务准则做出规定要求，主要用于规范会员和临时会员的执业行为。[43]

2001 年，最高审计机关国际组织（International Organization of Supreme Audit Institutions，INTOSAI）发布了 INTOSAI 审计准则：《从环境视角进行审计活动的指南》。该《指南》主要由 INTOSAI 审计准则在环境审计中的运用、进行环境审计的实务与方法和建立环境审计技术标准三部分组成。该《指南》的宗旨是指导各国最高审计机关有效开展生态环境审计工作，并为各国最高审计机关制定技术标准提供方法。[44]

随着系列生态环境准则的出台，相关学者也对生态环境审计准则开展了诸多的研究工作。

Collison（科利森）在一篇英国财务审计师访谈报告中指出，审计师要关注生态环境问题，相关部门或组织应制定生态环境准则或指南，以指导审计师的生态环境审计工作。[45]

Mahwar（马赫瓦）通过对高污染行业的环境审计分析，提出制定分行业环境审计指南的重要性。[46]

Bernard（伯纳德）研究提出，ISO14000 是环境审计工作进行的重要标准，应积极推广。[47]

Murray（穆雷）研究 ISO14000 系列标准的优缺点，并与其他环境审计的国际标准进行比较，肯定了 ISO14000 的实用性，并提出以 ISO14000 为基础构建全球性的环境评价准则的建议。[48]

Shin Roy（辛 • 罗伊）指出 ISO14000 系列对公共管理者提供了一个独特的挑战，能够促进公共管理者自我调节借以改善世界各地私有和公共实体的环保性能。[49]

Cahill（卡希尔）对生态环境审计的准则或权威性依据进行了比较系统的归纳。[50]

Hepler（赫普勒）对美国国防部的“环境评价与管理”指引、美国环境保护署的“联邦设施环境审计草案”以及 ISO14001“环境管理系统审计”这三个生态环境审计工具进行了详细的比较。[51]

Ammenberg（阿门博格）等通过对 9 个注册会计师团体的 13 位瑞典审计师的访谈发现，审计师们普遍对 ISO14001 中相关核心条款的理解不同，从而对相关生态环境审计工作产生了不同的影响。[52]

（二）国内研究现状综述

改革开放 40 年来，我国经济得到快速发展，与此同时，自然生态环境遭到严重破坏，生态环境问题成为全社会关注的重要问题，生态环境审计开始引起社会的关注。

我国环境审计起步较晚。陈正兴的《环境审计》一书的出版，才真正开始了我国环境审计的相关研究。历经二十多年的发展，我国生态环境审计在理论和实践领域均取得了一定的成果，但与国外发达国家环境审计研究相比，我国关于生态环境审计的研究还存在一定的差距。

2008 年，作为国家“免疫系统”的政府审计开始探索把资源环境问题纳入其审计范围。审计署在 2008 年将资源环境审计列为《2008 至 2012 年审计工作发展规划》重点内容，成为六大审计类型之一。环境审计的地位提升，重要性日益突显，有关环境审计的理论与实践研究越来越多，研究内容越来越深入。党的十八大主推生态文明建设以来，环境审计以及服务生态文明建设相关的研究得到了长足发展。目前，关于生态文明建设过程中审计及其作用的研究，成为审计研究领域的热点问题，取得了较丰富的研究成果。

1. 环境审计的定义

国内专家、学者对生态环境审计的定义研究颇多，但还没有形成完全一致的观点。

陈思维在《环境审计》一书中指出，环境审计是以国家审计机关、内审机构以及社会审计为审计主体，对环境管理系统和经济活动产生的环境影响进行监督、鉴证和评价的一种审计活动。[53]

陈淑芳和李青在《关于环境审计几个问题的探讨》一文中提出，环境审计是审计机关及其审计人员，运用国家法律法规以及相关政策，对被审计单位的环境责任履行情况进行监督、评价和鉴证的一种独立性的经济监督活动。[54]

高方露和吴俊峰在《关于环境审计本质内容的研究》一文中提出，环境审计是通过分析检查被审计单位的环境经营管理活动及其环境报告，借以评价和监督被审计单位的环境受托责任履行情况，从而实现对被审计单位履行受托环境责任过程控制的一种审计监督活动。[55]

上海审计学会课题组在《环境审计研究（上）》一文中提出，对环境审计，主要有三种观点，即“环境管理责任论”“管理工具论”和“监督鉴证评价论”。[56]

陈正兴在《环境审计》一书中提出，环境审计是对环境问题进行监督、评价和鉴证，借以改善环境污染过程的一种独立性的监督行为。[57]

李明辉等在《国外环境审计研究述评》一文中提出，环境审计是审计部门及其审计人员对被审单位的管理系统运行、政策落实、实务开展等情况进行的合规性、合法性和合理性的评估审计。[58]

2. 生态环境审计参与生态环境保护的实施

实施生态环境审计是国家可持续发展战略、生态文明建设“千年大计”的重要组成部分。所以生态环境审计必须实际参与生态环境保护和生态文明建设过程。

陈思维在《环境审计》一书中指出，环境审计要对环境规划实施、环境预测、环境决策开展审计监督与评价审计。[53]

陈正兴在《环境审计》一书中提出，发挥环境审计的“免疫功效”，政府审计、内部审计和社会审计机构三者有效协作，各司其职、各负其责，对审计单位的环境问题进行监督、鉴证和评价。[57]

3. 生态环境审计参与生态环境保护的方法与程序研究

生态环境审计是审计署的六大审计类型之一，遵循前期准备、现场审计实施、出具审计报告等审计的一般程序，同样适用询问、观察、调查和检查等传统的审计方法。除此以外，它还有独特的审计方法和审计程序。对此，国内专家学者进行了诸多研究。

王本强在《深化政府环境审计的新起点——“三河一湖”水污染防治资金审计”》一文中，以黄河水污染审计和“三河三湖“水污染审计为例从专项资金审计的角度开展了生态环境效益审计的研究。[59]

杨柳等在《环境审计之生命周期评价法》一文中指出，生态环境审计引入生命周期评价方法，可以有效解决环境费用效益分析法中货币化和衡量指标单一化问题，可以帮助审计人员收集相关审计证据并针对性地提出恰当的改进意见。[60]

李盼雅在学位论文《我国政府环境审计研究》中，从专项资金审计的视角研究了环境效益审计方法和程序问题。[61]

孙晗在《基于 PSR 框架构建水环境绩效审计评价体系》一文中，研究了水生态环境的绩效审计问题。[62]

何博含、俞雅乖在《基于层次分析法的环境审计指标体系构建》一文中，运用 PSR 模式与层次分析法开展了环境审计的研究。[63]

程亭在《环境审计技术方法的优化与开发》一文中提出，由于生态环境审计的特殊性和专业性，在生态环境审计实务中，要对抽象的环境价值进行估算，所以，生态环境审计除了采用传统的审计技术方法，还需要借助环境监测技术、环境风险分析法、地理信息技术以及环境价值评估法等其他专业领域的技术方法。[64]

谢志华等在《关于审计机关环境审计定位的思考》一文中提出，在会计核算资料基础上开展生态环境审计，需要审核会计核算数据的真实与可靠性，生态环境保护与自然资源利用行为的合法性、合规性和合理性，评价投入资金的经济性、效率性和效果性。由此可见，查账、对账是环境审计的最基本方法。[65]

4. 生态环境审计准则与立法研究

我国关于生态环境审计的研究起步较晚，随着人们对生态环境意识的提升，生态环境审计问题逐步成为社会热点问题。

2008 年，我国审计署发布《2008 至 2012 年审计工作发展规划》，第一次将把资源环境审计业务纳入审计工作规划，成为政府审计机构六大重要政府审计业务类型之一。同时，审计署提出政府审计不应该仅仅局限于财政资金为主的审计模式，同时还要积极开展生态环境审计理论研究和环保规划的科学性评价、监督并评价环保政策的执行效果以及环保项目的社会效益等生态环境审计工作。

2009 年，我国审计署出台《关于加强资源环境审计工作的意见》（以下简称《意见》）。《意见》中提出，政府审计机关要加强自然资源开发利用、生态环境污染防治等方面的审计监督，并明确资源环境审计工作路线、发展目标和任务。[66]

2010 年，苏州市审计局编制并出台《苏州市区域环境审计操作指南》（以下简称《苏州审计指南》）。《苏州审计指南》对环境审计的目标、环境审计工作准备、内容与方法、审计评价四个方面进行规范，推进了苏州市区环境审计工作的规范化、制度化和常态化发展，提高了区域环境审计工作的质量和效益。[67]

2014 年，南通市委、市政府出台了《关于开展地方党政主要领导干部资源环境责任审计工作的实施意见（试行）》（以下简称《南通意见》）。《南通意见》明确界定了环境责任审计内容并构建了评价指标体系。南通环境责任审计评价指标体系的构建是我国生态环境审计工作的里程碑，为我国环境审计实务操作提供了工作指南。[68]

在学术界，专家学者对我国环境审计准则也有颇多的研究，具体如下：

辛金国和李青在《环境审计准则研究》一文中指出，应以 ISO14000 系列标准为蓝本，构建我国的环境审计准则。结合我国的实际情况，我国的环境审计准则应包括国家环境审计准则、内部环境审计准则和注册会计师环境审计准则三部分。[69]

张青在《借鉴国际先进经验构建环境审计准则》一文中提出，生态环境审计具有特殊性，所以生态环境审计准则应以业务准则的形式颁布。[70]

杨智慧在学位论文《环境审计理论结构研究》中提出，环境审计准则应包括环境审计人员从业资格和行文规范两部分。从业资格部分主要对从业审计人员的专业素养和职业道德素质进行规范；在从业审计人员行为规范部分，对环境审计准备、审计实施和审计报告三个阶段的具体行为进行规范。[71]

赵琳《环境审计准则体系建设初探》一文中指出，生态环境审计准则包括基本准则和具体准则两个层次。基本准则主要是对从业审计人员的从业资格、胜任能力、职业道德进行规范；具体准则依据环境审计主体不同，又划分为国家环境审计、内部环境审计和社会环境审计三个具体环境审计准则。[72]

耿建新和牛红军在《关于制定我国政府环境审计准则的建议和设想》一文中指出，应加强环境审计准则的规范化和制度化，制定我国专门的环境审计准则，并逐步实现我国环境审计准则的国际化。[73]

许宁宁在《环境审计准则构成要素初探》一文中指出，我国环境审计准则应由环境审计的基本准则、通用具体准则、行业具体准则和环境审计执业指南四个部分构成。[74]

江诗雄在《我国环境审计的现状与对策》一文中指出，环境审计是政府审计六大业务类型之一，其审计活动要遵循现有审计准则体系，不需要制定专门的环境审计准则，只需要在审计准则体系中增加环境审计的相关条款。[75]

三、生态环境审计与生态文明建设国内外研究现状

（一）国外研究现状

1. 生态环境审计与生态环境平衡、生态环境质量关系研究

国外学者，对于生态环境审计与生态环境平衡、生态环境质量关系等方面也进行了颇多研究。

Mark（马克）提出环境审计质量受事务所的品牌声誉影响，继而影响生态环境质量进程。[76]

Clive（克莱夫）指出诉讼赔偿成本偏低必将影响环境审计质量，势必影响生态环境质量的治理与改善。[77]

Kolk（科尔克）研究认为，诉讼赔偿成本低，影响环境审计报告的质量，进而影响生态环境治理进程。[78]

2. 政府生态环境审计服务生态文明建设研究

国外关于生态文明建设与政府审计研究的文献比较少，且多集中在制度规范、环境审计框架等方面。

美国经济学家格拉斯・C・诺斯（Douglass C.North）（1994）认为环境审计应从制度上规范生态文明建设，主要在主体责任、衡量标准、风俗习惯、价值取向、道德意识、人文伦理上进行制约。

鲁宾斯坦（D.B.Rubenstein）提出绩效审计是生态环境审计达到预期效果的最佳保障，应关注资金流向，在计划目标指导下保证投入与产出符合最佳预算。[79]

安门博、维克、希耶姆（Ammenberg J，Wik G，Hjelm O）提出，推进生态环境建设，需要构建一套系统的生态效率指标 UNCTAD 和管理系统审计评价框架 INTOSAI。[80]

索尔（Bae S，Seol I）则认为，环境审计具体是针对企业特征实施审计并进行决策。[81]

尼可拉斯·托达（Nicolace Toeda）提出环境审计应更多的被看成是一种对企业生态、文明行为进行规范的建设行为。[82]

（二）国内研究现状

我国生态文明与政府环境审计方面的研究起步比较晚，政府审计服务生态文明建设的相关文献研究不多。以下主要从生态环境审计与生态平衡、环境质量关系以及政府审计服务生态文明建设两方面进行阐述。

1. 生态环境审计与生态环境平衡、生态环境质量关系研究

黄绪全在《服务生态环境建设 积极开展环境审计》一文中提出，落实生态环境建设，实现生态平衡需要开展环境审计。环境审计与生态平衡两者互为前提，相辅相成，共同维护我们赖以生存的环境。[83]

梁珊珊在学位论文《环境审计质量评价指标和方法研究》中提出，加强应对生态恶化的突破口是提高政府环境审计质量。[84]

王睿、钟飚、沈飘飘在《中国企业环境审计最新发展探析——以石油化工和制药行业为例》一文中提出，对石油化工和制药等高污染行业开展环境审计，能有效预防污染、抵制生态破坏。[85]

张冉在《低碳经济下环保资金绩效审计评价指标体系的构建》一文中提出，实现绿色低碳、可持续发展的必备要素是开展政府环境绩效审计，特别是环保资金绩效审计。[86]

2. 生态环境审计服务生态文明建设研究

刘家义在《以科学发展观为指导 推动审计工作全面发展》一文中提出，政府审计是国家治理的重要工具，是国家经济社会的免疫系统，推动生态文明建设是审计机关践行科学发展观的具体行动。[87]

黄绪全在《服务生态环境建设 积极开展环境审计》一文中对政府审计服务生态文明建设路径提出了可行措施。[88]

黄道国、邵云帆在《多元环境审计工作格局构建研究》一文中指出，深化多元环境审计是一项长远的系统工程，必须构建多元化环境审计体系。[89]

任春晓在《生态文明建设的矛盾动力论》一文中提出，保护生态环境是生态文明建设的起始点。[90]

刘家义在《论国家治理与国家审计》一文中指出，政府环境审计是生态文明建

设的免疫系统。[91]

何贤江，蔡少华在《资源环境审计推动完善国家治理的对策》一文中提出，政府环境审计应树立责任与开拓意识，推动完善国家治理，为我国生态文明建设保驾护航。[92]

李先秋在《审计监督服务生态文明建设研究》一文中探讨了审计在生态文明建设过程中的监督作用。[93]

吕楠，彭皓玥在《国家审计促进生态文明建设的对策研究》一文探讨了国家审计对生态文明建设的促进措施。[94]

唐洋在《关于在我国开展生态文明审计的探讨》一文中指出，生态文明审计对促进资源和环境的可持续发展、增强生态文明建设中各主体的责任意识起着至关重要的作用。构建生态文明审计，能够发挥生态文明审计在国家治理中的“免疫系统”功能。[95]

蒲萍，甘小燕在《绿色审计在生态文明建设中的作用》一文中从提升生态文明意识、提高生态管理水平、提升生态管理效益三方面研究了绿色审计在生态文明建设中的重要作用。[96]

齐蓓蓓在学位论文《生态文明建设视角下的政府环境审计研究》一文中提出，运用政府审计的监督与防范手段可以有效促进我国生态文明建设进程，是加快我国生态文明建设的重要举措。[97]

刘西友，李莎莎在《国家审计在生态文明建设中的作用研究》一文中指出，我国建设生态文明的迫切性对我国政府环境审计工作提出了更新、更高的要求。[98]

四、政府审计服务生态文明建设研究现状述评

国外对政府审计职能作用、环境审计进行了较多的研究，取得了系列的研究成果，但对审计在生态文明建设中的作用以及作用的机理研究较欠缺。国内，党的十八大主张生态文明建设，党的十九大把生态文明建设上升为“千年大计”。之后，国内对政府审计在生态文明建设中的作用有了一定的研究，但总体上看，对政府审计在生态文明建设中的作用及其机理的研究还比较少，而且现有研究多是“表层”式研究，对于政府审计如何因地制宜开展生态审计、服务我国生态文明建设等深层次的研究还没有形成系统的研究成果。鉴于此，本书从生态文明建设的视角，研究我国政府审计如何更好地发挥其在生态文明建设中的作用，探究其作用机理和服务路径，为政府审计更好地服务我国生态文明建设提供理论指导和实践参考。

第三节 政府审计服务生态文明建设的理论基础

一、公共受托经济责任理论

受托经济责任是现代会计审计之魂（蔡春，2000）。所谓受托经济责任是指按照特定要求或原则经管受托经济资源和报告其经营状况的义务，是两权（财产权和经营权）分离的产物。

受托经济责任的基本内容包括：行为责任和报告责任两个方面。其中，行为责任的主要内容是按照保全性、合法（规）性、经济性、效率性、效果性、社会性以及控制性等要求经管受托经济资源；而报告责任的主要内容是按照公允性或可信性的要求编报财务报表。对受托经济责任进行监督是审计的基本职能。

当经济监督活动由财产所有者委托专门机构和人员进行时，就产生了审计。所以说，审计产生于受托经济责任，是维系受托经济责任关系不可缺少的重要环节。

政府审计是以政府为主体开展审计活动的审计类型，随着国家的产生而产生。在国家民主治制下，权力与所有权多元化，相关的利益关系错综复杂，从而形成国家的公共受托经济责任。

1984 年 5 月，日本东京举行的亚审组织（ASOSAI）第三届大会上首次界定了公共受托经济责任的内涵，即按照特定要求或原则经管受托公共资源并报告其经营状况的义务。[99] 我国政府具有对公共财产、公共自然生态资源的经营管理权，肩负着人民群众的公共受托经济责任。

审计的本质是对政府管理的公共财产、公共自然生态资源的监督和控制，以保障受托经济、生态责任的全面有效履行。政府审计的动因在于公共受托经济、生态责任的发展。所以，政府审计是国家控制系统不可缺少的重要组成部分。政府审计，通过审计监督控制，通过揭露偏离公共受托经济、生态责任的行为来达到纠偏、预防和预警的作用。

受托生态责任是社会需求发展基础上对受托经济责任内容的扩充与创新，是生态环境审计产生的根源。以受托经济责任的定义为基础界定生态责任。受托生态责任是指受托人对受托管理的自然生态资源按照相关要求进行管理并报告其管理状况的义务。其中：政府和实施生态管理的机构是生态管理责任的受托人，社会公众则是生态环境管理责任的最终委托人。生态环境审计就是在这种受托生态责任观下产生的。

首先，受托生态责任产生的前提是生态资源问题的外部不经济性。外部性又称溢出效应，是指个人或组织的行动对其余人所造成的影响，这些影响可以是有利的，也可以是不利的，即正外部性（Positive Externality）和负外部性（Negative

Externality）。比如，企业加强生态环境管理使得周边生态恶化趋势减缓，这样附近居民由生态环境改善免费享受的利益属于正外部性。反之，如果企业肆意排放生态污物，致使周边生态环境恶化，公民生活的生态环境无端受到破坏，这就是负外部性。

其次，生态资源作为一种公共资源，在使用过程中具有很强的非排他性和非竞争性。即甲企业对自然资源的使用并不会影响到乙企业对同一种自然资源消费的数量和质量。所以，在市场经济条件下，生态环境问题的本质是市场机制失灵的经济后果。正是基于生态自然资源的特殊属性，决定了政府是生态环境管理和保护的最终责任人。

所以说，政府生态环境审计是满足受托生态责任履行的监督需求而产生的，其深层原因是受托环境责任的履行，其表象是生态环境问题的负外部性。

二、政府受托环境责任理论

受托环境责任是一种存在于委托人与受托人之间的特殊受托责任，受托人接受委托人的环境管理和环境报告的责任。随着社会经济的发展，企业为追逐利润，肆无忌惮地消耗免费的社会环境资源，导致生态环境的日益恶化。环境恶化的主要和直接受害人是社会公众。随着社会公众环境意识和民主意识的增加，对于个别污染企业生产导致的环境危害，社会公众开始利用各种方法来保护自己的生态环境利益。在社会公众可以利用的环境利益保护方法中，最重要的方法就是委托能够代表社会公众利益的代理人进行环境利益管理。

从社会公众这一生态环境的终极委托人来看，其环境利益代理人可以是企业内部部门、社会组织（环保型企业）和政府部门。企业内部下级部门接受企业内部上级部门的环境利益管理事务，形成内部环境受托责任，社会组织（环保型企业）接受社会公众环境利益管理事务，组织开展绿色生产，形成社会受托环境责任；政府部门接受公众环境利益管理事务，形成政府公共受托环境责任。[100]

人民赋予政府权力，政府代表人民行使权力的同时也应承担为人民提供公共管理服务的责任。政府与公众之间的委托代理关系就产生了政府公共受托责任，具体表现在两个方面：一是政府应当站在公众的立场，从公众的利益出发，管理好社会公众托付的公共财产，并履行好公共事务管理的职能；二是政府应当向立法机构以及社会公众汇报受托责任的履行情况，以消除其承担的公共受托责任。

随着社会经济的快速发展，政府也将会承担愈来愈多的责任，例如经济发展、社会稳定、立法执法等综合性的责任，受托环境责任也将逐步成为政府公共受托经济责任的拓展内容。当环境恶化时，政府就有责任、有义务做好环境污染防治工作。各级政府也应当在管理辖区内根据国家以及上一级政府的环境政策、部署安排，制定本辖区的环境保护规划，保证环境保护工作的顺利完成。假若存在信息不对称的现象，政府在履行环境受托责任上就存在一定的难度。因此，社会公众有必要通过政府审计部门开展的环境审计业务来监督政府环境受托责任的履行状况。

可见，政府通过法律和政府的环境执法来维护社会公共环境利益是最有力的方式。而政府开展的生态环境审计是政府公共环境受托责任履行的最直接、最有效的方式和手段。

三、利益相关者理论

股东中心理论（Shareholder Primacy Theory）认为，企业的财产是由股东所投入的实物资本形成的，股东承担企业的剩余风险，理应成为企业剩余索取权与剩余控制权的享有者。起源于股东中心理论的质疑与创新，利益相关者理论（Stakehdder Theory）认为，股东以及相关者均对企业的生存和发展投入了人力、物力或财力，均分担了企业一定的经营风险，或是为企业的经营活动付出了代价，因而都应该拥有企业的所有权。[101]

1927 年，通用电气公司的一位经理在其就职演说中提出“公司应该为利益相关者服务的思想”，这引起学术界的广泛关注。

1963 年，斯坦福研究院首次明确了利益相关者的概念。

之后，利益相关者理论得到西方理论界和企业界的普遍关注。

企业利益相关者包括与企业生存发展息息相关的股东、经营管理者、债权人、员工、消费者、供应商等交易伙伴，也包括政府部门、社区人员、新闻媒体、环保主义者等，他们会不同程度的为企业发展做出贡献。所以，企业的发展要考虑他们的利益或接受他们的监督。利益相关者理论的核心是“经济价值是由这样一些人创造的，这些人的资源聚集在一起，通过团结合作来改善各自的现状”。

环境问题的利益相关者是指因环境的变化而受到影响的个人或群体。环境问题涉及面广，小到个人、企业，大到地区、国家。

在我国粗放式工业化发展模式下，企业以牺牲资源、环境为代价的高增长带来了日益严峻的生态环境恶化问题。党的十八大指出:“建设生态文明，是关系人民福祉、关乎民族未来的长远大计。面对资源约束趋紧、环境污染严重、生态系统退化的严峻形势，必须树立尊重自然、顺应自然、保护自然的生态文明理念，把生态文明建设放在突出地位，融入经济建设、政治建设、文化建设、社会建设各方面和全过程，努力建设美丽中国，实现中华民族永续发展。”党的十九大提出：建设生态文明是“千年大计”。生态文明的实质就是把社会经济发展与生态文明建设进行有机融合发展。

企业特别是重污染企业是生态环境恶化的源头，是主要利益相关者，应担负起环境保护的责任。

政府承担法律法规制定和执行重任，肩负着国有有效资源配置责任。各级政府应该合理运用法律和行政、经济手段管理生态环境，承担起环境管理和环境保护的责任。

政府部门的环境管理和环境保护实施，可以委托政府审计部门对重大环保投资项目的实施效果、环保专项资金的利用效益开展环境审计监督，评价被审计单位生态环境责任的履行情况。

由此可见，企业是生态环境的开发、利用、破坏和保护的生态环境责任的多面人，社会公众是生态环境责任的终极委托人，政府是生态环境管理和保护的受托方，政府审计作为“免疫系统”，承担环境审计的监督、评价和报告责任。[102]

四、可持续发展理论

可持续发展理论是指既满足当代人的需要，又不对后代人满足其需要的能力构成危害的发展。

（一）可持续发展理论的内涵

可持续发展理论具有丰富的内涵，具体体现在以下方面：

1. 可持续发展强调共同发展

可持续发展把地球看成整体系统，各个国家或地区是子系统，可持续发展的关键是追求各子系统与主系统的同步发展，即共同发展。

2. 可持续发展是一种协调发展

可持续发展不仅追求国家或区域经济、社会、环境三大系统的整体协调发展，也强调世界、国家和地区空间层面的协调，最终实现经济与人口、资源、环境、社会层面的协调持续发展。

3. 可持续发展是一种公平发展

可持续发展既强调国际或区域的公平发展，即某一国家或区域的发展不能损害其他国家或区域的发展能力；也重视代际间的公平发展，即当代人的发展不能牺牲子孙后代的发展能力。

4. 可持续发展是一种高效发展

前已述及，可持续发展是一种公平发展；可持续发展的另一轮——高效发展，既包括经济意义上的效率，也包含自然资源和环境的损益成分。所以，可持续发展是经济、社会、资源、环境、人口等协调下的高效率发展。

（二）可持续发展的内容

从内容上看，可持续发展涉及经济、生态和社会三个方面，具体包括：

1. 经济可持续发展

可持续发展理论鼓励在保护生态环境基础上的经济增长，强调经济发展要重质量轻数量，要求改变传统的以“高投入、高消耗、高污染”为特征的生产模式和消费模式，实施清洁生产、文明消费、高效益、资源节约和废弃物减少的集约型的经济增长方式。

2. 生态可持续发展

可持续发展强调经济、社会与自然承载能力的协调，要求在经济、社会发展的同时必须保护和改善地球生态环境，保证以可持续的方式使用自然资源和环境，使人类的发展控制在地球承载能力之内。

3. 社会可持续发展

发展的本质是改善人类生活质量，提高人类健康水平，创造一个保障人们平等、自由、教育、人权和免受暴力的社会环境。即：经济可持续是基础，生态可持续是条件，社会可持续才是目的。

所以，可持续发展追求以人为本的自然—经济—社会复合系统的持续、稳定、健康发展。

（三）可持续发展理论与生态环境审计

根据可持续发展理论，在生态文明建设中，要做到：资源的再生速度大于资源的耗竭速度，环境容量大于污染物排放量，生态抵御能力大于生态破坏能力，环境综合整治能力大于环境污染恶化趋势，促进社会向经济繁荣、社会文明、环境优化、资源持续利用和生态良性循环的方向发展，使生态压力不超过生态承载力。而政府生态环境审计通过对生态自然资源的监督，保障生态自然资源的有序、持续利用，促进社会生态良性循环发展，这是可持续发展的目标之一。所以，我国经济社会的可持续发展是我国生态环境审计产生的根源。而政府生态环境审计是保障我国经济社会可持续发展的重要手段。

五、审计“免疫系统”理论

随着经济的不断发展和人民自主性的增强，政府审计从“经济监督论”“经济控制论”发展到今天的“免疫系统论”，经过了漫长的发展过程。2008年以来，审计“免疫系统论”在我国理论界的影响渐渐深化，成为最能体现政府审计本质的理论，审计“免疫系统”的各项功能也成为影响和衡量政府审计质量的关键因素。

所谓审计“免疫系统”是指政府审计机关受人民的委托，依法、独立、专门、主动去预防、揭示和查处问题，促进国家经济社会健康、安全运行。审计“免疫系统”概念诠释了“为什么要审计”“由谁来审计”“怎么审计”“审计为了谁”等政府审计的目的、主体、客体、方法和目标等根本问题，揭示了政府审计的本质——保护和防御。

审计“免疫系统论”运用科学发展观，借鉴医学免疫系统概念，形象生动地寓意了审计的保护、清除、修补和预警四大功能。保护功能是指承担经济社会免于内、外部组织和个人侵犯的能力。清除功能是指具有发现和清理不法分子和违法违纪问题的能力。修补功能是指经济社会根据外部的变化和内部的需要，及时改革完善和恢复的能力。预警功能是指对经济社会存在的共性问题进行预测分析，提出改进建议，避免危害加重的能力。政府审计通过对各级行政机关、企事业单位的财政财务收支进行审计监督，揭示重大问题，移送违法案件，促进完善机制，发挥维护经济秩序、促进依法行政、改善宏观调控、推进廉政建设的作用，从而促进经济社会健康发展。

审计“免疫系统论”作为可以预防和控制潜在风险的新理论在当今社会迅速流行。同时，受托管理责任转变为受托社会责任。审计“免疫系统论”要求政府在审计过程中能有效地发现并处理经济运行过程中将要发生或者已经发生的各种经济问题。

生态环境是社会经济可持续发展的重要影响因素，是关系国家发展和人民生活的最关键因素之一，是政府监管的重要责任。所以，作为政府“免疫系统”的政府审计应对生态社会环境进行监督和评价，保护社会生态环境的良性发展。 所以，发展生态环境审计，服务我国生态文明建设，是政府审计的重要职能和历史使命。

六、政府治理理论

政府治理是一个长期话题。每一个主体机构，建立完善的治理机制，加强有效的治理都是必不可少的。国家政府作为最庞大、最负责的主体机构更加离不开治理。国家发展的每个历史阶段，因为其社会经济发展和经济环境的变化，其治理的目标、方法也会适时改变，但实现政府善治则是每个国家的共同愿望和不懈追求的目标。

政府治理属于上层建筑范畴，包含管理和统治双层含义。但从总体上说，主要强调国家政府机关为了实现经济社会持续发展的目标，通过一定的制度安排和体制设置，协同市场和公民共同管理社会公共事务，推动经济和社会协调发展的过程。政府治理的实质是国家政府将大众赋予的权力进行合理有效的配置和运用，以此控制、管理国家和社会的各项事务，达到国家经济安全，国家利益不受损害，人民权益得以维护，社会保持稳定发展，以实现科学发展的政府治理目标。[36]

改革开放 40 年来，我国与时俱进、开拓创新，大力推进行政管理体制改革，建设效益型、责任型、服务型政府，不断探索新形势下的政府治理模式，推动国家政治、经济、社会、环境、文化的全面繁荣和协调发展。在党的领导下，我国各级政府认真履行职责，推动国家各方面建设事业健康发展，实现国家政治秩序稳定，政府能够持续地对社会资源进行合理有效的分配。通过政府治理职能的发挥，不断化解社会矛盾以实现对社会秩序的维持，通过不断改良政府治理系统以提高社会系统运行的有效性，保障国家和人民的整体利益，最终实现长治久安的“善治”目标。

经济越发展，生态环境越重要。随着我国工业经济的飞速发展，传统的粗放发展模式对地球环境系统造成了巨大损害，对此，人类已经意识到经济发展模式转型的重大意义。信息经济、绿色经济、人本经济、循环经济方兴未艾，环境问题已成为人类生存和发展的重大问题，是人类不可逾越的三重底线之一。政府审计，作为国家的免疫系统，把生态资源环境纳入政府审计范围，是政府审计现在以及将来的审计工作的重中之重。

第二章　政府审计的演进、职能与作用

政府审计是指由政府审计机构或人员依照相应的审计法律法规所实施的审计活动。

政府审计职能是指政府审计机构或审计人员完成任务，发挥作用的内在功能。它是政府审计自身固有的，但它会随着社会经济的发展、经济关系的变化、审计对象的扩大、人类认识能力的提高而不断加深和扩展。

研究审计职能的目的，是为了更准确地把握政府审计这一客观事物，以便于确定审计任务，有效地发挥审计的作用和更好地指导审计实践。

第一节　政府审计的起源

审计是在会计产生以后，社会经济和财产制度发展到一定阶段，出于保护资产完整无损的一种主观需要的产物。审计的产生和发展，源于一定社会经济条件下审计思想的形成，受到人们主观意志的影响。关于审计的起源，从不同的研究视角，形成了审计起源的不同观点。本书从审计产生的原因进行论述，大致有以下几种观点：

一、会计论观点

关于审计起源的会计论，存在“会计异化论”和“会计感应论”两种观点。

（一）会计异化论

会计异化论者认为，审计源于会计，又独立于会计。审计是会计发展到一定阶段的产物，其产生的目的是审查会计工作中出现的错误。随着社会经济的发展，会计工作越来越复杂、分工逐渐细化，使得审查、稽核会计工作逐步独立出来，形成专职审计工作，审计学也逐渐形成了一门并列于会计学的独立学科。

文硕在《世界审计史》一书中提出，审计是会计发展到一定阶段的产物，是适应会计检查的需要而产生的。[103]文硕这一观点，依据有三：首先，会计是以货币作为计量单位，运用专门的方法，对发生的交易或事项进行连续、系统、全面的记录和报告。这样，为保证会计记录和报告的客观、真实、正确，需要由相关人员进行检查，所以，审计就是审查会计；其次，我国历史上，曾经把审计表述为“听从会计”，即会计人员大声读出会计记录和报告，审计人员听取相关会计记录和报告，并判断其真实性和正确性；第三是从审计发展历程来看，审计的主要工作是审查会计账簿资料的合规、合法和合理性。

（二）会计感应论

会计感应论者认为，审计是会计反映职能的感应而产生的。会计的基本要求之一是反映交易或事项的真实性。如果没有会计反映客观真实性的要求，就没有审计监督的必要性，审计就失去了其存在的价值。会计反映职能的真实性要求，是审计感应而生的起源。

对于审计起源的感应论观点，吴秋生在《评几种关于审计产生的客观基础的观点》一文中提出，会计反映职能及其真实性要求是与人类生产活动一起永存的，虽然没有会计就没有审计，但是有会计不一定有审计，所以，审计作为一种经济监督制度，其存在具有一定的历史阶段性。[104]

二、财政监督论观点

财政监督论者认为，古代设置审计机构，目的就是对国家政府的财政收支进行检查监督，是一种财政行为。

审计起源于财政监督的观点，其依据是财政参与社会产品的分配与再分配，涉及国家政府、集体和个人之间的经济关系，是国家政府实现其职能的重要组成部分。

古代国家权力机构，为巩固其统治地位，都非常重视对捐税等财政收入以及政府支出等财政支出的监察和监督，这种检查和监督就是政府审计。

我国现行《审计法》规定，我国国家审计机关依法对国务院各部门和地方人民政府及各部门的财政收支，国有金融机构和企事业单位组织的财务收支以及其他应当接受审计的财政收支的真实性、合法性、效益性进行审计监督。由此可见，我国《审计法》基本思想也体现了财政的检查和监督功能。

三、经济监督论观点

经济监督论者认为，审计不是会计的附属品，审计与会计是本质不同的两个概念，基于经济管理的需要产生了会计；基于经济监督的需要产生审计。

纵观审计的发展历程，从古代政府审计到现代政府审计，其首要职能都是经济监督。

实施审计监督，要明确监督的对象，即监督什么？对于审计监督对象问题，学术界基本达成共识。审计监督对象，简单说是受托经济责任方的经济活动。由于存在受托经济责任关系，所以需要进行经济监督，因此才产生了审计。所以说，受托经济责任关系，是审计产生和发展的前提和基础，而审计的目的是促进和保证被审计对象受托经济责任得以全面、高效履行。

英国著名审计学家戴维·费林特认为，"作为一种几乎普遍的真理，凡存在审计的地方，就一定存在一方关系人对另一方关系人或其他关系人负有履行受托经济责任的义务这样一种关系，此种责任义务关系的存在是审计产生的重要前提，也可能还是最重要的前提。并指出审计是一种保证受托经济责任有效履行的手段，是一种促进受托经济责任得以落实的控制机制。"[105]

我国著名审计学家杨时展教授提出"审计因受托责任的发生而发生，又因受托责任的发展而发展。"[106]

社会经济的发展，促进了所有权和经营权的分离。两权的分离，形成了委托方与受托方的经济责任关系，委托方为保障自身权益，对受托方提出了相应的经济责任要求，由此产生了受托方的受托经济责任。而审计就是保障受托经济责任有效履行的一种监督方式。并且，这种审计监督随着社会经济的发展和受托经济责任的演变，受托经济责任的内容从财务责任逐步向更广泛的责任发展，从而推动了现代审计内容和审计范围的拓展。所以说，受托经济责任与审计二者相辅相成，受托经济责任的存在促进了审计的产生和发展，反过来，审计的存在又保障了受托经济责任的有效履行。[107]

四、社会需求论观点

社会需求论者认为，虽然审计是基于受托经济责任关系产生的，但受托经济责任关系不是审计产生的充分必要条件。依据审计关系理论，审计活动至少涉及审计人、被审计人和审计委托人三方关系人。缺少任何一方，审计活动都不会存在。审计依存于受托责任而存在，但是，受托责任的存在，并不一定有审计。比如，社会公众把社会生态环境委托政府进行管理，这样政府部门就存在受托环境责任，但是我国古代审计没有环境审计的内容，我国环境审计是近年社会生态环境严重恶化之后，随着社会公众生态环境意识的增强，社会公众追求良好生态环境需求的情况下才发展起来的。所以，有受托责任关系，不一定有审计。何时把受托责任转化为审计对象，是基于一定的社会需求基础而转化的。由此可见，审计是基于社会需求而产生的。不同的社会形态，会产生不同的受托责任关系，所以，政府审计具有鲜明的社会属性。

第二节 政府审计演进历程

审计（Aduit），原意是审计查账。政府审计是在会计产生之后逐渐发展起来的，迄今为止，经历了由古代审计到现代审计的漫长演进过程。

一、国外政府审计的演进

国外政府审计的发展，从古到今，经历了古代审计、近代审计和现代审计的演进过程。

（一）古代政府审计（约公元前 3500 年—公元 18 世纪）

古埃及，四大文明古国之一，公元前 3500 年进入奴隶社会，国家的最高统治者法老，为了维护奴隶主阶级的统治地位，设置监督官职位，由其负责对全国各机构的管理工作进行监督，评价其受托责任的履行情况、财务收支记录完整与准确情况。国家监督官不仅包含审计监督职能，还负责财政监督和行政监督。可见，古埃及的监督官职位本质上是审计官员的萌芽，是政府审计发展的萌芽阶段。[108]

在古罗马，元老院是国家实际指挥中心。公元前 443 年，元老院下设监督官。监督官的职责之一是负责审计监督，他们对古罗马政府财政进行审计监督。在古罗马城市公共建设过程中，统治者经常派出监督官对城市公共建设的会计账目和公共设施进行监督、评价，并依据审计监督结果实施奖惩。古罗马的这种监督官初步具备了审计立法监督精神，充分体现了古罗马政府审计的先进性。

在古代希腊，雅典城邦的民主制度被认为是全人类最先进的制度，而审计监督制度是其中的重要内容之一。公元前 5 世纪，雅典城邦的民主制度规定设置专职的审计官员，并规范了审计官执行离任经济责任审计的制度化和程序化。古希腊雅典城邦官员离任经济责任审计的制度化、规范化和程序化之高，迄今让人叹为观止。[109]

在英国，政府审计的发展起源于中世纪的威廉一世时代（公元 1066—公元 1087 年）。在英国威廉一世时代，财政部下设下院和上院两个机构。其中：下院负责王室财务收支业务，建立了会计账簿组织的内部牵制制度；上院负责对王室的收支管理进行监督，具备审计监督机构职能。1215 年的“大宪章运动”，议会从英王手中接管了控制国家财政收支权利。1215 年的“大宪章运动”要求任命国库主审计长一职。任命国库主审计长是英国乃至世界的首次任命。“大宪章运动”授权国库主审计长代表议会对国库收支和记录进行监督，由此产生了世界上第一位审计长。此后，英国又先后设置了初级审核厅、高级审核厅、国库法庭等不同形式的审计机构。1640 年英国资产阶级革命爆发，封建专制统治被推翻，1668 年，“光荣革命”爆发，促进了《权利法案》（1669 年）的颁布与实施。该《权利法案》对英国国王权利进行限制，对议会权利进行保护，并推进了政府审计的发展。[109]

在法国，1256 年，法国圣路易国王颁布法令，要求对各城邦财务收支账目进行审查，并由财经委员会对他们的审计结果进行裁决。1320 年，为加强政府部门经济责任审计的监督，设立了审计厅。巴黎审计厅负责对法国皇家的普通收支和特殊收支进行审查。14 世纪中叶以后，审计机构除负责财务收支审计工作外，还对承担经济责任的官员进行监督，并通过颁布法律，要求对各级政府机构和官员实行审计监督。[110]

（二）近代政府审计的职能

公元 18 世纪—公元 20 世纪中叶时期的政府审计，称为近代审计。

17 世纪末到 18 世纪中叶，英国哲学家约翰·洛克的《政府论》、法国哲学家孟德斯鸠《论法的精神》和卢梭的《社会契约论》的出版，引发西方国家的独立运动。独立运动在推进国家治理和改制过程中广泛引进三权分立思想，使得近代政府审计得以快速发展。

1785 年，英国议会组建 5 人审计委员会。由审计委员会负责审计各部门公共账目。1834 年颁布修订审计制度法案，设立国库审计长，负责对国库公款的监督。1861 年，英国议会下院设立决算审查委员会，负责对决算进行审查。1866 年议会通过《国库和审计部法案》，世界上第一部国家审计法诞生。1867 年依据《国库和审计部法案》成立了国库审计部，统一实施对国库的监督和经费项目的审查，这大大提高了英国政府审计的独立性。

1776 年，美国宣告独立，1789 年创建了属于财政部的审计机构。1921 年，美国效仿英国，出台了《预算和会计法案》，据此法案，美国在国会之下设立了独立的政府审计机关——会计总署，负责对全国的政府会计资料进行监督审查。[111]

1789 年 7 月 14 日，法国爆发资产阶级革命，推翻封建王权，开始资本主义民主政治，法国议会取得了国家的预算、税收、国家收支的批准和监督等权利。1790 年 1 月 30 日，议会指定专门的审计人员对政府账目进行审查。1791 年 9 月，法国议会撤销原封建王权下的审计院，成立隶属于财政委员会的会计总署——专门的政府审计机构。1797 年，成立隶属于议会的审计委员会，负责检查会计总署的工作。1807 年成立地位仅次于最高法院的审计法院。1869 年，审计法院摆脱了皇帝控制，成为介于立法和行政之间的一个独立国家审计司法机构。

1917 年，苏联布尔什维克接管政权，成立了党的监督、部门监督和社会监督三大监督系统。1918 年至 1930 年，苏联的国家监督机关经过调整与改组，成立了专门的政府审计机构，负责专门的经济监督职责——审计职责。

1714 年 11 月，普鲁士国王威廉一世设立了直属国王的独立审计机构——总会计院。1723 年，威廉二世取消了独立的总会计院，组建了隶属第一财政部和第二局、第四局之下的政府审计机构。1768 年，威廉二世重建总会计院。1796 年，威廉二世改革总会计院为国王直接控制的高级会计署。1871 年，德意志帝国成立，建立了独立的政府审计机构——德意志国家审计法院。

1867 年“明治维新”时，日本效仿西方国家，构建国家审计体制。1869 年，日本设立政府审计机构——监督司。1871 年，日本撤销监督司，效仿美国，成立专门的审计机构——检查局。1880 年，日本取消检查局，成立专门的政府审计机构——会计检查院，负责全国的经济监督事宜。第二次世界大战结束以后，日本政府开始着手建立民主化政府。1947 年 5 月 3 日公布新宪法，把会计检查院独立于国会、内阁和司法部门之外，成为一个独立的政府审计监督机构。

（三）现代政府审计（公元 20 世纪中叶至今）

1929 年—1933 年席卷整个资本主义世界的经济危机、20 世纪 70 年代以后世界信息技术革命等这些影响世界政治经济状况的大事件，推动了政府审计理论和实践的突破性发展，特别是在政府审计机构建设、审计立法、政府审计机构独立性、审计的地位、职能等方面均取得了前所未有的发展。世界大多数国家均成了现代政府审计部门，建立了现代政府审计制度。现代政府审计的主要职能是财务监督和绩效评价。

综上所述，随着资产阶级革命和资本主义经济的发展，极大推进了现代政府审计组织建设、政府审计理论与实践的发展。

二、我国政府审计的演进

“审计”一词出现于南宋。首次以“审计”命名的机构是南宋“审计院”，但我国审计活动的出现历史却极为悠远。大体来讲，经历了夏商的官计审计、秦汉的上计审计、魏晋的比部审计、宋代的三司与审计司（院）审计和明清时期的科道审计等不同阶段，以及考、会稽、受计、比、钩（勾）、覆、勘、磨、照、审等名称的交融演变。

在原始社会，生产力水平极其低下，劳动所得仅仅维持生存，没有剩余劳动产品。人与人之间“自由”“平等”，没有经济责任关系。随着社会生产力的发展，人们出现了剩余产品。氏族首领等一部分拥有特权的人逐渐分离出来，专门从事管理等事务，开始形成了国家。国家当权者为维护自身利益，形成了原始的委托代理关系，当权者把政治、行政、法律、经济等责任委托给受托人——各级官员。为检查各级官员政治、行政、法律、经济等责任的履行情况，作为委托人的当权者就会委派另外一些官员专门去检查、监督各级政府官员责任履行情况，这样就产生了政府审计的雏形。

在我国五千年的历史发展长河中，我国政府审计经历了由奴隶社会政府审计、封建社会政府审计、半封建半殖民地社会政府审计、社会主义社会政府审计的漫长演进过程。

（一）奴隶社会的政府审计

1. 夏朝（约公元前 21 世纪—约公元前 16 世纪 ）的政府审计

夏朝（约公元前 21 世纪—约公元前 16 世纪）是我国有历史记载的第一个奴隶制王朝。夏王为了加强奴隶统治和贡赋征收的考核，建立了财政制度、监督制度和官制。夏朝对供赋税收的考核，是我国政府审计的萌芽。

2. 商朝（公元前 1600 年—公元前 1046 年）的政府审计

商王朝统治期间（公元前 1600 年—公元前 1046 年），社会生产力和生产水平均得到了显著发展，相应的政府官厅会计也有了显著的进步，经济责任委托代理关系也得到显著发展。在商王朝时期，设立了“冢宰”（相当宰相之职）一职，专门行使政府的财政监察工作。商朝统治者定期委派财政监察官员到地方巡视，以监督地方官吏经济责任等的履行情况。由此可见，商王朝的监察机构，是我国政府审计发展的初级阶段。[112]

3. 西周时期（公元前 1100—前 771 年）的政府审计

西周王朝（公元前 1100—前 771 年）统治时期，是奴隶制时代社会经济发展的鼎盛时期。西周王朝统治者为加强其奴隶制统治，建立了完备的国家和政府机构。其中，西周王朝的财官组织和财官设置均具备了比较完整的财政机构轮廓，并相应设置了兼职的审计官员“宰夫”。西周王朝的“冢宰”集国家政务、财政和监督于一身，其下设置掌法治的中大夫“小宰”，掌法治、掌会计核算的中大夫“司会”，并在中大夫小宰之下，配备了实施政府审计职责的下大夫宰夫。据《周礼·天官·宰夫》记载：“宰夫之职，掌治朝之法，以正王及三公、六卿、大夫群吏之位。掌其禁令，叙群吏之治。”[113-114] 据史料记载，西周王朝的“宰夫”官职虽低下，但其能够相对独立地对各部门官吏的财计报告进行审核、评价和报告，可以对中大夫的司会进行审计监督和越级报告。由此可见，西周王朝的“宰夫”一职是我国历史上记载最早的兼职审计官员，基本具备了政府审计官员的职能。美国著名的审计史学家迈克尔·查特菲尔德在其著述《会计思想史》一书中写道：“在内部管理、预算和审计程序方面，中国西周时代在古代世界可以说是无与伦比的。”[115]

4. 春秋战国时期（公元前 770 年—公元前 221 年）的政府审计

春秋战国时期（公元前 770 年—公元前 221 年），是我国奴隶社会向封建社会转变时期。此时诸侯混战，七雄争霸，各诸侯国主要精力是军事斗争，在国家政府治理方面投入较少，在政府审计建设方面，多数诸侯国继承西周时期的政府审计制度。但在政府审计原则和审计法规方面，成绩突出，其主要成就有二：一是提出了著名的审计原则“明法审数”；二是制定了相关审计处理法规。在《管子》一书中，提出了“明法审数”原则，明确指出审计人员应该应熟悉法律，了解国家财政收支情况。[116]在《法经》一书中对审计和监察处理法规做出明确界定。[117]春秋战国时期的“明法审数”原则和审计处理法规为当时政府审计工作的开展提供了具体的依据和工作指南。

（二）封建社会的政府审计

1. 秦朝（公元前221年—公元前207年）的政府审计

秦朝（公元前221年—公元前207年），是我国历史上第一个统一的、中央集权的封建制国家。为适应中央集权专制制度，秦朝建立了君主负责制的审计监察系统。在官制上，秦朝推行“三公九卿”制。“三公”是指丞相、御史大夫和太尉，其中御史大夫集审计与监察于一身，是兼职审计官员，他负责图籍、章奏、弹劾和纠察，即对政治、军事、经济行使监察权。秦朝中央御使大夫下设御史中丞、柱下御史；在地方郡县设郡监，对其所管郡县进行巡查，由此形成了中央御史大夫垂直领导的政府审计监察网络，如图2-1所示。

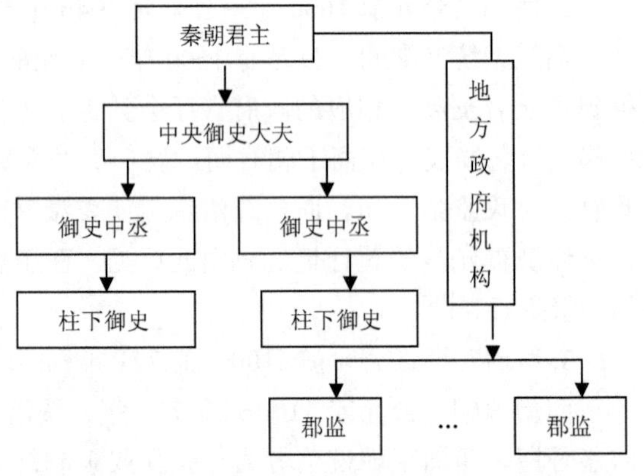

图2-1 秦朝政府审计监察体系示意图

2. 汉朝（公元前202—公元220年）的政府审计

汉朝早期以御史大夫行使审计监察权。公元前118年（汉武帝元狩五年），汉武帝改革吏治，在丞相府设置丞相司直，由丞相司直负责审计监察工作。公元前89年（汉武帝征和四年），设置司隶校尉一职，该职官员可以对皇太子和三公以下实施全方位监察权。公元前8年（汉成帝绥和元年），改革御史大夫职权范围，把承担监察权的御史中丞纳入皇室私人财政管理权的少府主管掌管。西汉王朝除设置中央御史中丞政府审计监察机构外，在地方政府郡县层面，政府审计监察机构弱化，形同虚设，其监察作用消失。

3. 三国两晋南北朝时期（220年—589年）的政府审计

三国两晋南北朝时期（220年—589年），各政权并立、混战。各政权为争取发展壮大，均采取了积极的经济和政治措施，作为政府监察职权的政府审计得到了突破式发展。据《晋书·职官制》记载，三国曹魏时期的比部主要负责财务审计、法制制定和官员考核、诏书等档案文件管理。独立于当时财政部门的比部，具有行政监督和法律监督权，基本具备和现代意义上政府审计的性质。[118]三国两晋南北朝时期的比部审计机构，被审计史学家认为是具有政府审计里程碑意义的专职审计机构，对后世政府审计的发展产生了积极影响。

4. 隋朝时期（581 年—618 年）的政府审计

隋朝时期（581 年—618 年），隋文帝统一中国后创新吏制，正式实施三省六部制度，其中尚书省主管全国政务，下设六部二十四司。六部分别为吏部、礼部、兵部、都部（后改名为刑部）、度支部（后改名为户部）、工部。六部中的度支部为国家财计主管机构；都部负责全国的财务稽察和刑事实务。公元 583 年（隋朝开皇三年），将负责审计监察功能的比部划归刑部，负责国家各项财政支出和经费支出的审核与评价，进一步确立了比部审计监督的地位和作用。我国审计史学家普遍认为，我国原始社会以来至隋朝的历史发展过程中，隋朝时期的审计比部是权威性和独立性最高的政府审计机构。

5. 唐朝时期（618 年－ 907 年）的政府审计

唐朝（618 年－ 907 年），作为我国历史上重要的朝代，政府审计得到了突破式发展。唐王朝为加强中央集权，健全比部审计制度、发展御史监察制度。在唐朝三省六部的尚书省下设刑部等六部。比部隶属于刑部，负责对全国的军政、中央内外、上至中央，下至州、县等部门的财政经济等事务进行审计，其审计范围前所未有。

6. 北宋时期（960—1127 年）的政府审计

北宋时期（960—1127 年），结束五代十国混战，重新归于统一。宋朝初期，将政府审计机构置于盐铁司等三司之内，财审合一。由于政府审计机构缺乏独立性，审计监督功能难以发挥，导致各级官吏徇私舞弊、贪污腐败。为摆脱这种严峻局面，公元 1080 年（宋神宗元丰三年），恢复审计比部，政府审计得到快速发展。北宋末年，户部削弱了审计比部外审功能，政府审计比部的作用流于形式。

7. 南宋时期（1127 年－1279 年）的政府审计

南宋时期（1127 年－1279 年），是中国历史上经济发达、文化繁荣、科技进步的时期。公元 1127 年（建炎元年）成立审计院，下设“干办诸司审计司”和“干办诸军审计司”，负责户部所辖诸司、诸军的财务审计。审计院的设立是我国历史上最早用“审计”命名的政府审计机构。除中央审计院外，地方州、府或军队，审计院还设有相应的派出机构，一般称为“分差审计院”或“分差审计司”，具体由州、府或军队行使监察权的通判负责相应审计工作。南宋政府审计机构体系如图 2-2 所示。

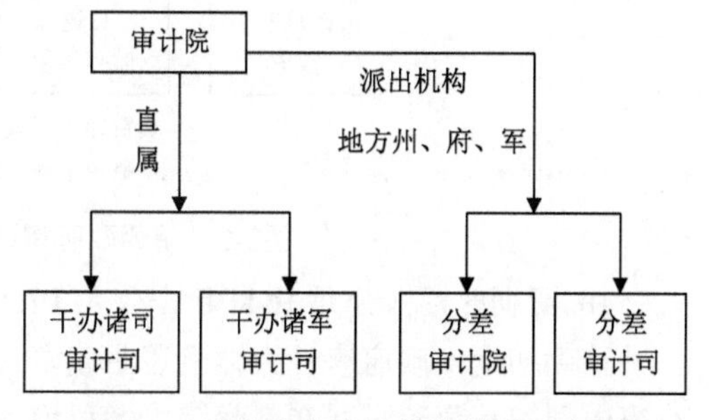

图2-2　南宋政府审计机构体系示意图

8. 元朝时期（1271 年—1368 年）的政府审计

公元 1271 年，忽必烈灭南宋，统一中国，建立元朝。建国初期，元朝废除审计比部，有御史台监管审计，并着手制定元朝审计监察法规《设立宪台格例》。在我国历史上，《设立宪台格例》首次以法规的形式对机构职能、官员纪律等方面做出具体规定。在《设立宪台格例》中规定御史台可以与中书省“一同文奏”，明确了审计御史台在中央政府机关的中相对独立的审计地位。我国审计史学家普遍认为，《设立宪台格例》是我国历史上第一部完整的中央审计监察法规。

9. 明朝时期（1368 年－1644 年）的政府审计

明朝初期，政府审计沿用宋朝旧审计制度。公元 1368 年（洪武元年），重新设立审计比部，但审计作用没有真正发挥作用。公元 1382 年（洪武十五年），合并原来的台、殿、察三院，成立全国最高的审计监察机关——都察院。都察院下设都监察御史和 13 道监察御史，各省按察使常驻地方监察。其中：都监察御史负责明朝中央财税审计，13 道监察御史负责地方 13 个行政区的财税审计，各省常驻地方监察御史可以不署都察院衔，也不受都御史的干扰。此外，在审计都察院外，在六部设置给事中，对六部进行科道双重监督，形成了直辖于天子的独立审计机构。[119] 明朝政府审计机构体系如图 2-3 所示。

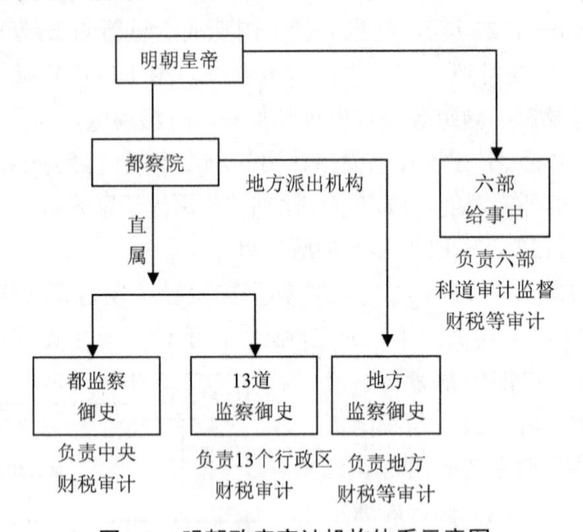

图2-3　明朝政府审计机构体系示意图

10. 清朝时期（公元 1644 年—公元 1911 年）的政府审计

清朝初期，政府审计大体沿袭明朝审计制度。公元 1723 年（雍正元年），六部给事中划归都察院，并在都察院内增科道各差、宗室御史处和内务府御史处；且由明朝的 13 道监察御史调增为 15 道。科道各差实行“台无长官”制度，直接对皇帝负责。清朝政府审计机构体系如图 2-4 所示。

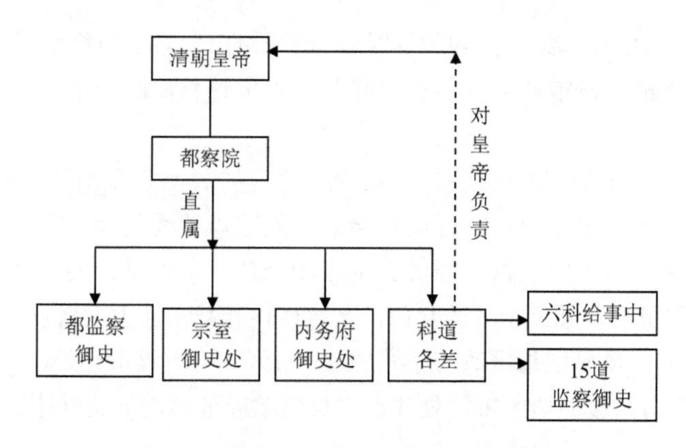

图2-4　清朝政府审计机构体系示意图

（三）半封建半殖民地社会的政府审计

1. 鸦片战争时期的政府审计

1840年，第一次鸦片战争后，中国由封建社会开始沦为半封建半殖民地社会。当时的清政府软弱腐败，内忧外患，民不聊生。迫于压力，1906年，改革官制，实行君主立宪，三权分立改革，拟建对皇帝直接负责的审计院，拟定了《审计院管制草案》，这也是我国有史以来第一部专业审计法规。可惜，以上拟议还未来得及实施，便随清政府王朝的毁灭而消失。

2. 中华民国时期的政府审计

1911年辛亥革命以后，1912年，中华民国成立。北洋政府设立"国务院"负责国家行政事务。"国务院"之下设立中央审计机构—审计处，各省设立审计分处，实行垂直领导。

1914年，"审计处"改设"审计院"，撤销各省的审计分处，颁布《审计法》。

1928年设立国民政府独立"审计院"，公布国民政府《审计院组织法》和《审计法》。

（四）社会主义社会的政府审计

我国社会主义审计体制的发展可以追溯到新民主主义革命时期，大体上经历了孕育、萌芽、受挫、恢复与发展、成熟五个阶段，形成了完善的现代政府审计体系。

1. 新民主主义革命时期——社会主义社会政府审计孕育阶段

新民主革命时期，中国共产党非常重视审计监察工作。

1925年7月，广州成立省港罢工委员会，在委员会下设财政委员会、审计局等机构，审计局是中国共产党领导下的第一个政府审计机构，它对各机关的财务支出项目开展审核工作。[120]

1926年3月，中国共产党颁布第一部审计法规——《审计局组织法》。

1927年4月，第五次党代会选举产生了中央监察委员会。

1932年8月，中华苏维埃共和国临时政府发布的《财政部暂行组织纲要》中规定，财政部人民委员部下设审计处，各省财政部下设审计科，政府审计的独立性和权威性大大减弱。[121]

1934年2月，《中华苏维埃共和国中华苏维埃组织法》（以下简称《组织法》）颁布。该《组织法》明确规定在中央执行委员会之下设立审计委员会。审计委员会由五人至九人组成，其成员由中央执行委员会主席团委任。中央审计委员会隶属最高权力机关中央执行委员会，独立于行政部门，其权威性和独立性大大增强。

1937年9月，陕甘宁边区政府正式成立，边区政府下设审计处。

1939年12月，废除边区审计处改设中央财政经济部，下设审计处，审计处负责对边区党、政、军开展审计业务。

1946年12月，为加强审计工作的独立性和权威性，重新成立审计处，并且审计机关从边区延伸到县，县最高审计机关为政府委员会，日常审计由财政科具体办理。

1948年10月，《陕甘宁晋绥边区暂行审计条例》（以下简称《审计条例》）颁布。《审计条例》要求建立边区、分区、县等各级审计组织。同时规定，除中央根据地外，其他根据地及正规部队都要建立相应审计组织。其中八路军建立了“团为初审，旅或分区为复审，师、战备区或总部为决审”的三级审计管理体制。

总之，新民主主义革命时期，中国共产党非常重视审计工作，在根据地和部队都建立了相应的审计机构和审计制度。其审计体制主要是政府审计，审计内容主要是财政财务审计（既审“财”也审“物”）。由于当时的社会主义制度尚未确立，所以新民主主义革命时期的审计体制，还不能称为社会主义审计体制，只能看作是社会主义政府审计体制的尝试和孕育。

2. 新中国成立初期——社会主义社会政府审计萌芽阶段

中华人民共和国成立初期，百业待兴，新中国建立社会主义制度、发展社会主义经济的艰巨任务，审计监督显得尤为重要。当时，没有专门的政府审计机构。但是，在中央各主管部门的财会司局，均设有审计处（科），地方政府各厅局的财会处下设审计处（科）；在地方政府各厅局的财会处以及公司和大型厂矿企业均下设审计科（股），中型企业则设专职审计员等。在大型行政区，多设立会计局或会计室，负责相应财务预算等审计工作。

1955年，国家组建了国务院领导下的中央和地方监察委员会。党的各级监察委员会在各级党委指导下进行工作，党的上级监察委员会有权检查下级监察委员会的工作，并有权审查、批准和改变下级监察委员会对案件所做的决定。中央和地方监察委员会的职责是检查和处理党员违反党章、党纪和国家法律、法令的案件。此时的监察机构承担了政府审计机关的职责。

总之，中华人民共和国成立初期，政府审计组织不成熟、不稳定，管理体制不健全，具有明显过渡性特征。所以，这一时期的政府审计体制是社会主义社会政府审计的探索、萌芽阶段。

3. 20 世纪六七十年代，社会主义社会政府审计在曲折中发展

20 世纪六七十年代，社会主义社会政府审计遭受到一定的困难，在曲折中发展。

4. 十一届三中全会至 2011 年——社会主义社会政府审计恢复与发展阶段

1978 年 12 月 18 日至 22 日，党的十一届三中全会确立了改革开放、发展社会主义市场经济的战略方针。为适应改革开放和发展社会主义市场经济的需要，党和中央政府开始重视政府审计工作的重要性，我国政府审计体系得到恢复和发展。

1980 年，是恢复社会主义审计体制的开端之年。当年，财政部发布了《关于成立会计顾问处的暂行规定》，首次以社会主义的法规形式提出在我国“推行审计制度”。之后，各主要城市先后建立了会计顾问处（后改为“会计师事务所”）。

1982 年，我国《宪法》以法律形式明确规定我国实行审计监督制度，规定了国家政府审计机关设置及其管理体制。

1983 年 9 月，中华人民共和国审计署正式成立，县以上各级人民政府相继成立了审计局，我国完备的政府审计机构体系逐步构建完成。

1985 年 8 月，国务院批准颁布《关于审计工作的暂行规定》，首次以国务院审计法规形式对政府审计工作予以规范。

1994 年 8 月，我国颁布第一部审计法律即《中华人民共和国审计法》，我国政府审计体制得以建立并逐步完善，逐步形成了我国现代政府审计体系。我国政府审计机构体系如图 2-5 所示。

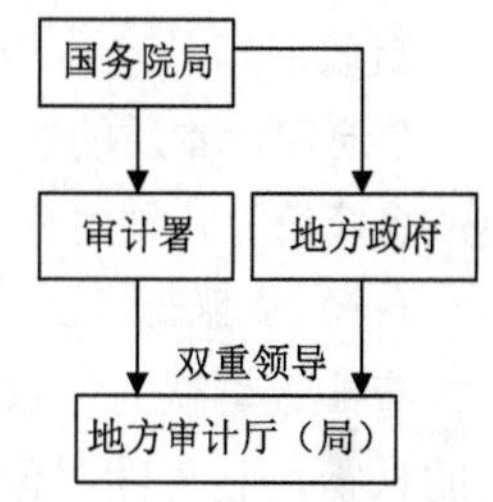

图2-5　国家政府审计机构

5. 2012 年至今——现代政府审计成熟阶段

2011 年时任审计署审计长刘家义在中国审计学会第三次理事会上做了关于“政府审计与国家治理”的发言，2012 年刘家义在《论国家治理与国家审计》一文中提出：“国家审计是国家治理现代化的重要组成部分，国家审计应在国家治理现代化中发挥重要作用”。[122] 刘家义全面阐释了政府审计与国家治理的关系，构建了政府审计与国家治理的理论框架。这标志着我国政府审计由控制功能向治理功能的转变。2015 年党中央决定从审计体制、审计范围、审计队伍三方面对政府审计进行改革，以更好地发挥政府审计国家“免疫系统”作用。

在深化改革的推动下，我国政府审计体制逐步成熟，正朝着法制化、制度化、规范化、权威性的方向阔步前进。

2018 年 2 月 26 日至 28 日中共十九届三中全会在北京召开，党的十九届三中全会明确提出设立中央审计委员会。2018 年 3 月 22 日，中共中央印发《深化党和国家

机构改革方案》（以下简称《改革方案》）。《改革方案》明确规定组建中央审计委员会。为加强党中央对审计工作的领导，构建集中统一、全面覆盖、权威高效的审计监督体系，更好发挥审计监督作用，组建中央审计委员会，中央审计委员会办公室设在审计署。习近平总书记任中央审计委员会主任，总理李克强任中央审计委员会副主任。2018 年 5 月 23 日，国家主席、中央审计委员会主任习近平主持召开中央审计委员会第一次会议，会议审议通过了《中央审计委员会工作规则》、《2018 年省部级党政主要领导干部和中央企业领导人员经济责任审计及自然资源资产离任（任中）审计计划》等文件。

总之，随着我国社会制度的演进，我国政府审计经历了漫长的发展过程，逐步形成了机构完备、制度健全的政府审计体系。

第三节 政府审计的职能

一、政府审计的本质

自政府审计产生以来，专家学者就开始研究政府审计的本质问题。迄今为止，关于政府审计本质的研究先后出现了查账论、系统过程论、经济监督论、经济控制论、免疫系统论等几种主要观点。

（一）查账论

查账论者认为，审计就是对会计资料进行检查。查账论是对古代审计本质最初步的认识，它持续时间长，影响比较大。在美国，查账论的影响一直持续到 20 世纪 70 年代初，在英国大约持续到 20 世纪 80 年代初。在我国，查账论影响也比较深远。从西周时期，我国政府审计出现查账论思想以来，一直持续到审计理论界开始研究审计理论时期。在我国，查账论的代表人物主要有程能润教授、石人谨教授等。南京审计学院程能润教授认为，审计的对象是会计记录和会计业务，查账和报告是审计的基本手段。上海财经大学石人谨教授认为“查账”是审计最原始、最基本的意义。

（二）系统过程论

系统过程论是美国审计理论界最早提出的一种政府审计本质理论观点。1973 年，美国会计学会概念委员会（American Accounting Association）出版《基本审计概念说明》（A Statement of Basic Auditing Concepts, 简称 ASOBAC）一书。书中把审计定义为“一种客观地收集与评价有关经济活动及事项断言的证据，继而确定该断言与既定标准是否相符，并将结果传递给利害关系人的系统过程。”[123] 系统论观点得到当时美国审计理论界的普遍认同，在学术界得到广泛传播。

（三）经济监督理论

20 世纪 80 年代，我国审计理论界的主流观点“经济监督论”，其代表人物主要有杨纪琬、管锦康、杨时展、程能润等审计学专家。他们认为，政府审计是具有独立性的经济监督活动。它有两层含义：一是政府审计的独立性是其本质特征；二是审计的基本职能是“经济监督”。[124-125]

对于审计的监督本质，在我国《宪法》和《审计法》中均有体现。我国《宪法》第九十一条规定：“国务院设立审计机关，对国务院各部门和地方各级政府的财政收支，对国家的财政金融机构和企业事业组织的财务收支，进行审计监督”。第一百零九条规定：“县级以上的地方各级人民政府设立审计机关。地方各级审计机关依照法律规定独立行使审计监督权，对本级人民政府和上一级审计机关负责。”

我国《审计法》第十六条规定：“审计机关对本级各部门（含直属单位）和下级政府预算的执行情况和决算以及其他财政收支情况，进行审计监督。”

（四）经济控制论

经济控制论者认为，审计的本质是确保受托经济责任关系全面、有效履行的特殊经济控制。我国有些专家学者认为“经济控制论”是对审计本质认识的第三次飞跃。[126]

从以上政府审计的本质观点来看，审计的本质不是一成不变的，对审计本质的认识会随着审计理论的发展而发展。

（五）免疫系统论

免疫系统论是指政府审计是经济社会运行的“免疫系统”的简称。刘家义在 2008 年全国审计工作会议上的讲话中指出：“经过 25 年的实践探索和理论创新，我们逐步认识到，审计是国家政治制度不可缺少的组成部分，从本质上看，是保障国家经济社会健康运行的‘免疫系统’”。政府审计的“免疫系统”理论很好地回答了“什么是审计”“为什么要审计”“为谁审计”“靠谁审计”“怎样审计”等一系列问题。“免疫系统”理论深刻揭示了政府审计的本质是“免疫系统”，强调政府审计的预防和修复功能，揭露和抵制经济社会在运行中出现的问题，提出建设性意见，体现了政府审计的监督和服务免疫等功能。

二、政府审计职能的主要观点

（一）单一职能论

单一职能论者认为，政府审计只有一种基本职能，其代表人物主要有刘兵、袁晓勇等。刘兵在《论审计的基本职能和特殊职能》一文中提出，政府审计的基本职能是经济评价职能。[127] 袁晓勇在《对审计职能的再认识》一文中提出，评价是审计的基本职能。[128]

（二）多职能论

多职能论者认为，政府审计有多个基本职能，其代表人物有彭启发和李汉俊的二职能论、刘洁的三职能论。

彭启发和李汉俊在《审计本质：以认证为基础的受托责任监督论》一文中提出，政府审计由认证与监督两个基本职能。[129]

刘洁在《审计本质各观点分析》一文中提出，从审计的产生与发展来看，它具有经济监督的职能，但经济监督非审计的唯一职能，然而随着审计实务的不断发展和完善，人们已经认识到审计职能还包括经济公证职能和经济评价职能。[130]

当前流行的是审计三职能论。笔者认为，从政府审计的产生与发展历程来看，政府审计的基本职能不是唯一的，以下从多职能论观点出发，研究政府审计的基本职能和拓展职能。

三、政府审计的基本职能

政府审计的职能是政府审计本质的体现，是政府审计自身固有的，能够完成任务、发挥作用的内在功能。

纵观政府审计的发展演进历程，认为政府审计的基本职能包括监督、评价和鉴证职能。

（一）监督职能

政府审计监督职能，是指政府审计机构及其人员检查、监察和督促各级政府及其所属的机构、企事业单位等被审计单位忠实地履行经济责任，同时借以揭露违法违纪、稽查损失浪费、查明错误弊端、判断管理缺陷和追究经济责任等。其核心工作是通过审核检查，查明被审计事项的真相，然后对照一定的标准，做出被审计单位的经济活动是否真实、合法、有效的结论。

（二）评价职能

政府审计评价职能，是指政府审计机构和审计人员对被审计单位的经济活动及其资料进行审查，并依据审计准则等政府审计标准对所查明的事实进行分析和评定，肯定成绩、指出问题、总结经验、寻求改善管理、提高效率和效益的途径。政府审计评价职能，包括评定和建议两部分。通过对被审计对象经济活动的监察、评定，并依据评定结果提出合理化建议。政府审计评价职能在政府绩效审计中的体现尤为突出。

（三）鉴证职能

政府审计鉴证职能，是指政府审计机构和审计人员对被审计单位会计资料进行检查和验证，确定其会计核算资料是否真实、公允、合法、合规，并出具书面审计报告，以便为政府审计的授权人或委托人提供确切的信息，并取信于社会公众的一种职能。

政府审计机构开展的政府官员等的离任审计，属于政府审计鉴证范围。

四、政府审计的拓展职能

政府审计职能是政府审计自身固有的，但并不是一成不变的，它是随着社会经济的发展，经济关系的变化，审计对象的扩大，人类认识能力的提高而不断加深和扩展的。

（一）政府审计拓展职能的理论依据

1. 内在依据——政府受托责任内容与要求的拓展

公共受托责任产生于民主政治的委托代理关系，依存于三个主要代理关系。这三个代理关系分别是：公务员对行政长官的受托责任、行政部门对立法部门的受托责任和政府对民众的受托责任。其中，广大社会民众把社会管理等权利委托政府实施，这样就形成了政府的公共受托责任。政府公共受托责任由早期的狭义的经济受托责任逐步向生态环境、安全等责任拓展，逐步形成广义的公共受托责任。而且随着社会的发展、文明程度的提高，社会公众对于受托责任的要求也越来越高。这样，政府公共受托责任内容和要求的拓展对现代政府审计提出了新的要求。对政府审计的新要求促进了政府审计职能的不断拓展。[131]

2. 外在拉力——政府审计范围的扩大

政府审计的基本职能是审计监督、评价和签证职能。首先对政府财政、财务资金等进行经济监督，加强对国有资产的监控，强化对国有资产的使用效益、党政干部经济责任履行情况等进行评价，不但要监控政府公共资金是否依法使用，而且要求监督其是否具有较高的经济效益和社会效益。所以，政府审计不仅要进行经济效益评价，还要进行生态、环境、安全等范围的社会效益评价。政府审计范围的扩大，拉动政府审计职能的不断拓展。

3. 自身动力——高新技术助力政府审计技术和手段升级

现代科技的发展以及互联网、大数据、云计算等现代信息技术的发展，一方面把政府审计人员从繁重、枯燥的数字计算等工作中解脱出来，使政府审计机构和人员有精力去做更多的审计工作；二是现代科技和信息技术在政府审计中的应用，推进了政府审计技术的升级和审计手段的多样化，政府审计原先无法完成的复杂的审计工作，现在借助高科技手段，复杂的、高难度的审计活动均能胜任。所以，高新技术的发展，推动政府审计技术升级和审计手段的现代化，使得政府审计有能力胜任高难度审计工作，这助力政府审计职能的不断拓展。

（二）政府审计拓展职能的分类

现代政府审计在政府审计“免疫系统”理论指导下，政府审计除具有基本职能外，还具有预防、揭示和抵御等拓展职能。

1. 预防职能

政府审计“免疫系统”理论要求政府审计在审计实践活动中，不仅对经济活动进行监督、评价，还要对经济事项进行预警，审视被审计单位经济事项背后的制度安排和机制运行中存在的潜在风险，对可能产生的恶劣后果等影响国家安全的隐患进行预警，并提出防范和化解经济、安全等方面风险的建设性意见和建议。

2. 揭示职能

政府审计通过对经济事项的检查、监督，揭露我国社会运行中存在的问题和漏洞，揭示违规违法、腐败、经济犯罪以及损失浪费等现象的深层原因。立足宏观层面，加强对宏观经济政策执行的审计，揭示、分析政府政策、制度和管理中的缺陷和漏洞，发现政策执行中的偏差，并提出相应的治理建议。

3. 抵御职能

政府审计遵循审计的内在规律，立足建设性、坚持批判性，立足服务、坚持监督，立足全局、坚持微观查处和揭露，立足主动性、坚持适应性，立足开放性、坚持独立性。政府审计坚定不移地揭露和查处重大违法违规和经济犯罪案件线索，坚定不移地深入揭示体制机制上的问题，坚定不移地提出完善制度和规范管理的建议，切实承担起审计的历史责任。

第四节 政府审计的作用

作用是指某种对象在某个时间或某个空间的某个过程中，作为手段、工具，最终达成的效果。

政府审计的作用就是政府审计在审计实践中产生的影响或效果。

政府审计的作用是由其本质决定的。政府审计的产生和发展是国家治理的客观需要，也是国家治理的基础和保障，在促进国家经济和社会发展方面发挥着极其重要的作用。

一、政府审计在促进国家社会经济发展方面的作用

（一）加大政策落实跟踪审计，促进政令畅通

大力开展国家稳增长、调结构、促改革、惠民生、防风险等国家重大政策落实跟踪审计，聚焦政策、资金、项目、风险四个审计重点，紧盯产业政策落实、公共财政资金使用、国家基础设施建设、社会重大项目建设等，检查监督政策执行效果、项目建设进度、公共资金使用效率与效益，及时查处有令不行、有禁不止等行为，促进政令畅通，促进政策及时落地和发挥实效，对社会经济环境优化、社会经济发展提出合理化建议。

（二）加大生态资源环境审计，促进绿色发展

坚持把服务我国千年大计生态文明建设作为政府审计的重要职责，不断加大资源开发、污染防治、生态修复、责任落实等重点环节的审计，加强对土地资源、矿产资源、水污染防治、节能减排、淘汰落后产能、新能源建设项目等的审计监督，促进资源集约利用和可持续发展，积极关注领导干部的环境保护责任和自然资源管理责任履行审计，积极推进领导干部自然资源资产离任审计。在推动绿色发展，促进生态文明建设方面发挥积极作用。

（三）加大民生审计，促进共享发展

把保障和改善民生作为政府审计的出发点和落脚点，加强扶贫、三农、教育、医疗、社保、就业等公共资金和民生项目专项资金监督检查，提高公共资金和民生项目专项资金安全和资金使用效率和效益，推进国家惠民、强民、富民等政策的落实，推进共享发展，切实让社会公众得到实惠，切实维护人民利益、增进人民福祉。

（四）聚焦经济风险隐患审计，促进社会经济安全

不断加大财政收支质量、供给侧结构性改革、金融管理、货币监管、地方政府债务、区域金融稳定等相关领域的检查监督和评价，揭示其存在的薄弱环节和潜在风险，揭露其苗头性和倾向性问题，提出相应的建设性意见，妥善处置和化解风险，维护和促进社会经济安全。

（五）开展领导干部责任审计，促进守法尽责，推动反腐倡廉

政府审计依法对党政领导干部和国有企业领导人员履行经济责任情况进行审计，监督和制约党政领导干部和国有企业领导人员的决策、发展、安全、绩效和廉政等权力运行，揭示党政领导干部和国有企业领导人的决策失误、违规违纪、索贿受贿、失职渎职、管理漏洞以及不作为等问题，逐步推进建立完善制度，促进领导干部守法、守纪、守规、尽责，打击腐败，推进反腐倡廉建设。

（六）推进体制机制创新，促进改革深化

政府审计要始终跟踪检查国家重大政策措施、部门规章和地方性法规的修订完善情况，揭示国家体制和机制层面的问题，对不合时宜、制约发展的法律和行政法规推动及时清理完善，对政策措施不衔接、不配套等问题及时反映提出合理化建议，促进及时建立健全与新政策、新要求相适应的新办法、新规则，促进改革的深入和协调。

二、政府审计在推进国家治理现代化方面的作用

（一）监督和制约行政权力，保障国家治理秩序

政府审计着力行政权力，监督和制约行政权力运行、市场经济规则执行状况，查错纠弊，促进依法行政、依法管理国家事务，保障国家治理秩序。[132]

（二）开展政策跟踪审计，防控国家治理风险

国家以及地方政府审计机构，以其独有的地位、组织制度、技术方法等方面的优势，全面开展国家政策跟踪审计，揭示政策运行过程中的风险，把风险防控的关口前移，及时发现问题，提出合理化建议，防控国家治理风险。

（三）开展政府预算和绩效审计，提升国家治理效能

全面开展政府预算审计，保障政府预算资金安全、提高政府财政资金使用效率和效益。推进行政部门运行绩效审计，促进提高政府行政部门运行效率，保障国家治理效能。

第五节 政府环境审计的发展、变迁与启示

随着政府审计专业性和技术性的提升、社会公众生态环境意识的增强，政府绩效审计由“3E”变为“4E”，即在原来的经济性（Economy）、效率性（Efficiency）和效果性（Environment）审计的基础上，增加了环境审计（Environment），成为“4E”审计，还有人把公平性（Equity）审计也纳入绩效审计范围，则形成了“5E”审计，即：经济性审计（Economy Audit）、效率性审计（Efficiency Audit）、效果性审计（Effectiveness Audit）、公平性审计（Equity Audit）和环境审计（Environment Audit）。

环境审计是指对组织所处环境状况所进行的系统、定期和客观的评估和记载，识别组织活动（包括技术创新活动）造成的或可能造成的环境问题，并采取相应措施加以消除，防止问题实际发生。它是一种积极主动的审计技术创新管理工具。[133]环境审计是政府审计的重要内容之一，是政府审计履行环境责任的制度安排，是国家实施环境保护和生态文明建设的现实选择。

一、我国环境审计的发展历程

环境审计起源于20世纪70年代，最先由西方发达国家和国际环保组织展开。我国环境审计起步比较晚，从我国环境审计发展实践来看，我国环境审计发展大致经历了四个阶段。

（一）环境审计的起步阶段（1983年—1997年）

早在20世纪70年代，西方发达国家就开始研究、开展环境审计工作。当时，我国发展重点在改革开放、深化经济体制改革方面，对环境审计的概念还比较模糊。

1983年，我国审计最高政府机关审计署成立，政府审计工作体系逐渐完备。

1985年，审计署对国家给予4个城市的环保扶助补贴资金的使用状况实施审计。

1992年，最高审计机关国际组织（INTOSAI）成立了环境审计工作组，并陆续

发布了一些环境审计指南，我国才开始关注有关环境审计的相关工作。

1994年9月，我国发布《中国二十一世纪议程》，标志着我国环境审计的真正开展。

1995年，在最高审计机关国际组织（INTOSAI）开罗会议上，我国作为成员组织之一，审计署阐明了我国有关环境审计的技术手段、作用意义以及应承担的环境责任。[134]

1997年，由我国审计学会举办环境审计研究专题会议。至此，政府环境审计工作在我国开始起步。

（二）环境审计的探索阶段（1998年—2002年）

1998年审计署成立农业与资源环保审计司，首次明确了环境审计的职能。该司开展资源环保审计试点工作，通过开展城市排污费、天然林资源保护工程资金等环境资金审计项目，对环境污染等问题提出改善和优化建议。这些项目为我国环境审计的开展奠定了重要的基础和积聚了宝贵的经验。此后，国家环保总局、地方审计机关纷纷成立环境审计机构，开启了我国政府环境审计的大幕[135]。

2002年，我国审计学会举办了环境审计研究讨论会议，进一步推高了国家政府机构、审计理论与实务界对环境审计的重视程度，我国环境审计得以摸索前进。

（三）环境审计的发展阶段（2003年—2007年）

2003年，审计署成立环境审计协调领导机构，负责组织协调审计署和地方审计机关的环境审计工作，明确了环境审计的专业定位。这一时期，在环境审计理论方面，吸收与借鉴国外先进环境审计理论成果的基础上，不断深化我国环境审计理论研究；在环境审计实践方面，不断开拓扩大审计领域范围，不断拓展环境审计实践的广度，在内容上做到全方位、深层次、综合发展，不断拓展环境审计实践的广度和深度。[136]

2005年3月27日，亚洲审计组织环境审计研讨会暨环境审计委员会工作会议在我国武夷山召开，会上讨论通过了《亚洲审计组织环境审计委员会2005年至2007年工作计划（草案）》。该会议旨在增强亚洲国家在环境审计领域的交流合作，为环境审计在各国更好地普及与推广打下了坚实的基础。

（四）环境审计的新时期延展阶段（2008年—至今）

2008年，是我国政府审计工作的分水岭之年。2008年审计署发布审计工作五年（2008—2012）发展规划，该规划把环境审计作为六大审计类型之一被提上政府审计日程，要求大力创建与我国国情协调一致的资源环境审计模式[137]。2010年—2011年，审计署相继出台《水环境审计指南》以及《环境绩效审计研究》，这为政府环境审计的开展提供了指引，推动各级政府审计机关环境审计工作的顺利开展，环境审计项目逐渐成为各级政府审计机关的一种日常化的审计项目。这一时期，我国环境审计工作由矿产与土地资源、水资源环境、能源节约和污染物减排等生态建设和预防治理环境污染资金审计逐步向环境保护财务收支审计、环境合规审计、环境绩效审计（3E）发展。

2015 年，党中央发布《党政领导干部生态环境损害责任追究办法》《关于开展领导干部自然资源资产离任审计的试点方案》等，政府资源环境审计开始向领导干部自然资源资产离任审计、生态文明建设审计方面延展。

2018 年 5 月 23 日，中共中央总书记、国家主席、中央军委主席、中央审计委员会主任习近平主持召开中央审计委员会第一次会议，会议审议通过了《2018 年省部级党政主要领导干部和中央企业领导人员经济责任审计及自然资源资产离任（任中）审计计划》等文件。在中央审计委员会第一次会议上，习近平强调，中央审计委员会要强化顶层设计和统筹协调，提高把方向、谋大局、定政策、促改革能力，为审计工作提供有力指导。要拓展审计监督广度和深度，消除监督盲区，加大对党中央重大政策措施贯彻落实情况跟踪审计力度，加大对经济社会运行中各类风险隐患揭示力度，依法全面履行审计监督职责，促进经济高质量发展。

2018 年 6 月，中共中央国务院出台《关于全面加强生态环境保护坚决打好污染防治攻坚战的意见》（以下简称《意见》，建立生态环境保护综合监控平台，完善环境信息公开制度，加强重特大突发环境事件信息公开。加强生态环境保护，打好污染防治攻坚战，提升生态文明，建设美丽中国。这对政府资源环境审计提出了更高的要求。

二、我国环境审计内容变迁

（一）环境审计的起步与探索阶段（1983 年—2002 年）：环境财务审计

20 世纪 90 年代，我国宏观政策开始调整，经济翻番的目标引起投资扩张、消费过旺，我国经济步入粗放式快速工业化发展阶段，导致大面积的生态破坏和环境污染。当时，由于环境审计认识模糊，审计技术和审计手段比较落后，所以，政府环境审计主要是开展环境财务审计工作。

这一时期，政府环境审计的主要目标、内容与方法如下：

环境审计的目标：环保政策的贯彻落实和环保资金的安全和真实公允。

环境审计的内容：重点关注环保资金的合规性和真实性。

环境审计的手段：沿用财务收支审计的传统审计方法。

（二）环境审计的发展阶段（2003 年—2007 年）：环境责任与环境绩效审计

这一阶段，粗放式快速工业化发展持续、经济高速发展，但环保意识不高，环保投入不足、生态环境加速恶化。[138] 为改善自然生态环境，中央政府提出了科学发展观，将环境保护列入全面建设小康社会的总体目标，强调增强可持续发展能力、改善生态环境。中央政府以政治任务下达的方式调动地方政府在污染治理方面的积极性和创造性，希望借助地方政府力量推进环境治理的绩效。与此同时，政府环境审计开始由环境财务审计，逐步向环境责任与环境绩效审计延展。

这一时期，政府环境审计的主要目标、内容与方法如下：

环境审计的目标：突出地方政府环境责任审计和环保资金审计的效益性。

环境审计的内容：重点是地方政府环境责任、环境保护资金和项目的绩效。

环境审计的手段：重学科交叉，进一步量化环境审计指标。

（三）环境审计的新时期延展阶段（2008年—至今）：环境责任审计与领导干部自然资源资产离任审计

2008年以后的一段时间，粗放式快速工业化发展带来的生态环境事件频发，政府环保指标难以实现，环境责任履行等深层次问题难以实质性解决。

2009年，审计署发布《审计署关于加强资源环境审计工作的意见》，明确了政府环境责任审计的内容，特别提出要关注领导人履行资源管理和生态环境保护职责情况审计。

2015年，党中央先后发布《生态文明体制改革总体方案》《党政领导干部生态环境损害责任追究办法》《关于开展领导干部自然资源资产离任审计的试点方案》等，领导干部自然资源资产离任审计制度逐步完善。

2016年审计署发布《“十三五”国家审计工作规划》（以下简称《“十三五”审计规划》）。《“十三五”审计规划》强调加强资源环境审计，“以促进全面节约和高效利用资源、加快改善生态环境为目标，依法对土地、矿产、水资源、森林、草原、海洋等国有自然资源，以及环境综合治理和生态保护修复等情况进行审计，加大对资源富裕和毁损严重地区的环境审计力度，对重点国有资源、重大污染防治和生态系统保护项目实行审计全覆盖，推动加快生态文明建设。”

2017年制定《领导干部自然资源资产离任审计暂行规定》，并于2018年起全面推行。2018年5月23日，中共中央总书记、国家主席、中央军委主席、中央审计委员会主任习近平主持召开中央审计委员会第一次会议，会议审议通过了《2018年省部级党政主要领导干部和中央企业领导人员经济责任审计及自然资源资产离任（任中）审计计划》等文件。2020年建立起比较完善的自然资源资产离任审计制度。通过审计，促进领导干部切实履行自然资源资产管理和环境保护责任。

这一时期，政府环境审计的主要目标、内容与方法如下：

环境审计的目标：强调完善地方党政领导干部责任评价体系。

环境审计的内容：重点是环境责任、领导干部自然资源资产离任审计。

环境审计的手段：重学科交叉，进一步强调量化领导干部责任审计指标。

三、政府环境审计内容变迁的启示

由上述政府环境审计发展历程与环境审计目标、内容变迁来看，政府环境审计的目标、内容与国家治理方向趋同。

我国政府环境审计起步至今，先后由重点关注环保资金的环境财务审计，向关注环境责任和绩效的政府环境绩效审计、责任审计转变。党的十八大以后，国家治理由强调经济快速增长向推进生态文明建设和绿色低碳发展的国家治理的转变，政府环境审计也由环境绩效审计、环境责任审计向领导干部自然资源资产离任审计拓展。总体来看，政府环境审计发展与国家治理方向趋于一致。[139]

第三章 生态文明建设的内涵与 SWOT 分析

第一节 生态文明建设的意义

一、生态文明的内涵

（一）文明的含义

文明是指人类所创造的财富的总和，特指精神财富，如文学、艺术、教育、科学等，也指社会发展到较高阶段表现出来的状态。文明与社会发展相伴而生，自人类诞生以来，大体经历了原始文明、农业文明、工业文明。

（二）生态文明的含义与内容

在我国，关于生态文明的概念很多，其中代表性的概念有两种：

第一，生态文明是指人类遵循人、自然、社会和谐发展这一客观规律而取得的物质与精神成果的总和；是指以人与自然、人与人、人与社会和谐共生、良性循环、全面发展、持续繁荣为基本宗旨的文化伦理形态。[140]

第二，生态文明是人类在改造自然、造福自身的过程中为实现人与自然之间的和谐所做的全部努力和所取得的全部成果。它表征着人与自然相互关系的进步状态。生态文明既包括人类保护自然环境和生态安全的意识、法律、制度、政策，也包括维护生态平衡和可持续发展的科学技术、组织机构和实际行动。如果从原始文明、农业文明、工业文明这一视角来观察人类文明形态的演变发展，那么，生态文明作为一种后工业文明，是人类社会一种新的文明形态，是人类迄今为止的最高级文明形态。[141]

综合以上论述，笔者认为，生态文明是指不以牺牲子孙后代生态环境为代价、以把握自然、尊重自然为前提，以人与自然、环境与经济、人与社会和谐共生为宗旨的人与自然、社会和谐发展所取得的物质与精神成果的总和，是社会发展到一定阶段的产物，是物质文明、精神文明、政治文明之后的第四种社会高级文明形式。依据文化人类学的观点，生态文明包括物质、行为、制度和精神四个层面。即：

生态文明物质层面：是生态文明建设的结果，是生态文明在自然环境中的具体体现。

生态文明行为层面：是生态文明的实践层，是人在改造自然中的生态文明行为的体现。

生态文明制度层：是生态文明的中间层，表现为规范人类生态文明行为的各项经济、政治和法律制度，是人类生态文明行为的约束和制度保障。

生态文明精神层：是生态文明的核心层，是人类长期生态行为积累形成的尊重自然、顺应自然、保护自然的生态文明思想意识和行为观念。

生态文明四层次的构成如图 3-1 所示。

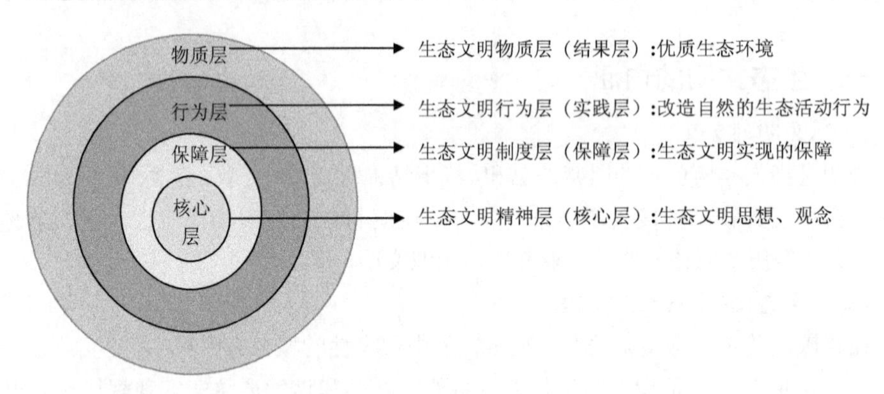

图3-1　生态文明内容层次

二、生态文明的发展历程

从文明的发展进程可以看出，人类文明的每一次跨越，都建立在两个基础之上：一是人类对自然的认识水平和改造能力的不断提高，二是科学技术的快速进步和生产力的极大提高。工业文明阶段，以资源耗费和牺牲为代价的粗放经营模式给人类创造了巨大的物质财富。与此同时工业文明对自然的肆意掠夺和破坏，也带来了生态环境的日趋恶化，走向了人类“征服”和“主宰”自然初衷的反面，引起人类对工业明文的深刻反思。20 世纪 60 年代以后，这种反思达到高潮，实现飞跃，最具代表性和里程碑意义的是“三本书籍（报告）”和“三个会议”，这为生态文明的发展指明了道路。

（一）三本书籍（报告）

三本书籍即《寂静的春天》《增长的极限》《我们共同的未来》。

1962 年，美国生物学家雷切尔·卡逊出版了宣传维护生态平衡、推动环境保护的划时代经典之作《寂静的春天》。她以严谨的科学态度和炽热的情感生动地揭露和深入分析了滥用农药带来的生态破坏。书中指出：人类在创造高度物质文明的同时，又在毁灭自己的文明，生态环境将使人类生活在“幸福的坟墓”中。该书的出版，引发了一场旷日持久的生态论战，叫醒了全球沉睡的生态环保意识。

1972 年，罗马俱乐部发表了被奉为“绿色生态运动的圣经”的报告——《增长的极限》。报告认为，人口增长、粮食生产、工业发展、资源消耗、环境污染这五项基本因素的运行方式呈指数增长，如果这种快速增长模式继续下去，地球的支撑力将会达到极限，世界将会面临一场灾难性的崩溃。

1987 年，联合国环境与发展委员会发表了生态文明的第一个国际文献《我们共同的未来》的报告。报告深刻检讨了“唯经济发展”理念的弊端，论述了 20 世纪人类面临的和平、发展、环境三大主题之间的内在联系，并提出将它们作为可持续发展的内在目标。

（二）三个会议

三个会议即人类环境大会、环境与发展大会和可持续发展世界首脑会议。

1972 年 6 月，联合国在瑞典斯德哥尔摩召开了全球生态环境战略的第一次国际会议“人类环境会议”。该会议上，各参与国经过广泛的交流和深入的讨论，会议形成并发表了《人类环境宣言》。会后，人类从理念反思走向实际行动，各国特别是西方发达国家积极开展生态环境治理工作。

1992 年 6 月，联合国在巴西里约热内卢召开了对走出工业文明困境具有里程碑意义的“环境与发展大会”。会议把生态环境问题与经济社会发展紧密结合起来，深入讨论生态环境问题与经济社会发展之间的相互关系，通过了《21 世纪议程》《气候变化框架公约》《关于森林问题的原则声明》等约束性文件，正式提出实施可持续发展战略。

2002 年 8 月，联合国在南非约翰内斯堡召开了“可持续发展世界首脑会议”。会议的宗旨是促进各国在生态环境与经济发展上采取实际行动，强调经济发展、社会进步、环境保护是可持续发展的三大支柱。会议产生了《行动计划》和《政治宣言》两项重要成果，使人类社会从工业文明阶段迈向了人类的第四文明阶段——生态文明阶段。

（三）四次党代会

2002年11月8日，党的十六大报告中强调“实施科教兴国和可持续发展战略，实现速度和结构、质量、效益相统一，经济发展和人口、资源、环境相协调。”“全面建设小康社会的目标——可持续发展能力不断增强，生态环境得到改善，资源利用效率显著提高，促进人与自然的和谐，推动整个社会走上生产发展、生活富裕、生态良好的文明发展道路。”党的十六大报告，首次强调人与自然的和谐，提出了生态良好的文明发展道路，并把生态良好的文明道路纳入全面建设小康社会的目标。

2007年10月15日，党的十七大报告中首次提出建设生态文明的历史任务。“建设生态文明，基本形成节约能源资源和保护生态环境的产业结构、增长方式、消费模式。循环经济形成较大规模，可再生能源比重显著上升，主要污染物排放得到有效控制，生态环境质量明显改善，生态文明观念在全社会牢固树立。建设生态文明，不仅是实现全面建设小康社会奋斗目标的新要求，也是中国特色社会主义未来发展的必然归宿。”党的十七大，开启了我国生态文明建设的新历程。

2012年11月8日，党的十八大报告中提出“加快推进生态文明建设。”“建设生态文明，是关系人民福祉、关乎民族未来的长远大计。”“加快建立生态文明制度，健全国土空间开发、资源节约、生态环境保护的体制机制，推动形成人与自然和谐发展的现代化建设新格局。”党的十八大把生态文明建设上升到国家战略高度，加快了我国生态文明建设的进程。

2017年10月18日，党的十九大报告中提出“坚持人与自然和谐共生。建设生态文明是中华民族永续发展的千年大计。必须树立和践行绿水青山就是金山银山的理念，坚持节约资源和保护环境的基本国策，像对待生命一样对待生态环境，统筹山水林田湖草系统治理，实行最严格的生态环境保护制度，形成绿色发展方式和生活方式，坚定走生产发展、生活富裕、生态良好的文明发展道路，建设美丽中国，为人民创造良好生产生活环境，为全球生态安全作出贡献。”党的十九大把发展观、执政观、自然观内在统一起来，融入到执政理念、发展理念中，生态文明建设的认识高度、实践深度、推进力度前所未有。

三、生态文明建设的现实意义

党十九大报告强调“建设生态文明是中华民族永续发展的千年大计”，是功在当代，利在千秋的事业。

建设生态文明，是我国解决当前资源能源短缺，实现人与自然之间和谐相处的千年大计，是关系中华民族生存和发展的重要战略选择，构建社会主义和谐社会、实现中国梦的必然要求，具有极其重要和深远的意义。

（一）建设生态文明是功在当代、利在千秋的根本大计和战略选择

加强建设生态文明是发展中国特色社会主义的必然选择。我国人口多，资源相对稀缺，生态环境承载力比较弱。随着粗放式工业化的发展，我国资源浪费严重，生态环境不断恶化。我国人口的增加与自然资源不足的矛盾愈发尖锐，生态环境的形势更加严峻。建设生态文明，实现人与自然的和谐，是有效解决资源短缺、环境污染、生态破坏的有效途径，是在保护自然和生态的基础上经济社会可持续发展的根本条件，是为人民群众创造良好生活和生产环境的根本措施。建设生态文明，是人类社会进步的必然要求，是推进中国特色社会主义的重大战略选择。推进生态文明建设，能够为子孙后代创造优美宜居的生活空间、山清水秀的生态空间，这是顺应时代潮流，契合人民意愿的千秋大计。

（二）建设生态文明是实现中国梦的根本保障

历史的经验教训告诉我们，国家、民族的崛起必须有良好的自然生态环境做保障，否则就会受到自然环境的惩罚。改革开放四十年来，我国经济得到了空前发展，取得了举世瞩目的成绩。但是，多年的快速发展，也带来了一定的资源浪费、环境损害、空气污染等生态问题，给人民的生产、生活带来了严重影响。加快生态文明建设，才能实现人与自然和谐发展，才能还给人类青山绿水、蓝天白云。而人与自然和谐的良好生态环境，是人民福祉的基础，是实现中国梦的根本保障，是实现中华民族伟大复兴的基本支撑。

（三）建设生态文明是经济社会和谐发展的内在要求

生态文明建设强调人与自然、人与经济社会的协调发展、可持续发展，以生产发展、人民福祉、生态良好为基本原则，以人的全面和谐发展为终极目标。加强生态文明建设，把建设资源节约型、环境友好型社会放在突出位置，才能真正实现人与自然的和谐，社会经济的可持续健康发展，否则人民福祉、文明和谐只是一句空话。所以，建设生态文明，是经济社会和谐发展的内在要求，是实现人与自然和谐发展的现实需要。

（四）建设生态文明是顺应人民群众幸福期待的需要

按照马斯洛的需求层次理论，当人民的基本需求满足后，就会追求更高层次的需求。随着我国社会经济的快速发展，人们的生活质量不断提升，人民期待增产、增收、安居、乐业的殷实幸福生活，也对绿水、青山、蓝天、白云等良好的生态环境提出了更高的要求，对山清水秀的美好家园有了更迫切的需求。生态文明建设，尊重自然、顺应自然、保护自然，崇尚绿色发展、循环发展、低碳发展。所以，推进生态文明建设，是顺应人民大众新需求的重大战略决策，它顺应时代潮流，契合人民的期待。

（五）推进生态文明建设，促进全社会生态道德文化素质不断提高

道德文化的缺失或落后，一定程度上会阻碍政策的推行、制约行动的步伐。自

党的十七大开启生态文明建设征程以来，我国生态文明建设就一直在行动，城乡居民的生态意识增强、环保观念提升，参与生态治理与环境保护的积极性明显提高。但是，生态道德文化素质还没有明显转变，其主要表现是盲目攀比、过度消费、追求奢华、铺张浪费现象还没有根本扭转。所以，加强生态道德文化教育势在必行，而推进生态文明建设，是生态道德文化教育的实践应用，反作用于生态道德文化教育，从而促使全民族的生态道德文化素质不断提升。

四、我国生态文明建设的必要性和紧迫性

（一）生态文明建设的必要性

习近平总书记在全国生态环境保护大会上强调“生态环境是关系党的使命宗旨的重大政治问题，也是关系民生的重大社会问题。”党的十八大以来，我国生态文明建设发生了全局性、历史性、转折性的变化，生态环境质量持续向好。

但是，也要看到我国生态文明建设的压力和困难。在建设生态文明进程中，生态环境优化受制于两方面：

（1）自然资源和环境先天不足，人口多、自然资源短缺带来的生态环境问题。

（2）在粗放式工业化发展阶段，发展不足、发展失当和发展失衡带来的生态环境破坏等的后天失调，使得生态环境的修复和保护压力重重。

所以，我们必须在党的领导下，通过全方位、全地域、全过程的生态文明建设，构建起包括生态文化体系、生态经济体系、目标责任体系、生态文明制度体系以及生态安全体系在内的生态文明体系，才能确保到2035年，生态环境质量实现根本好转，美丽中国目标基本实现；到本世纪中叶，物质文明、政治文明、精神文明、社会文明、生态文明全面提升，绿色发展方式和生活方式全面形成，人与自然和谐共生，生态环境领域国家治理体系和治理能力现代化和美丽中国目标全面实现。[142]

历史经验告诉我们，建设生态文明是人类文明发展的历史必然，是应对生态危机的正确选择，是人类对于改造自然理念的正确认识。党的十九大报告把生态文明建设上升为“千年大计”，将“生态文明建设”写入党章。这是对生态文明战略地位的重大提升。

（二）生态文明建设的紧迫性

改革开放以来，国我经济得到了快速发展，创造了前所未有的物质文明。但同时，我国长期的高投入、高产出、投资拉动等粗放经营模式，使得社会公众生态文明意识淡薄、生态文明观念缺乏，导致生态文明精神层面的损害。

观念是行动的先导。生态文明精神层面的损害，体现在人在开发自然、利用自然等方面的非生态实践行为，加之我国生态文明制度保障不完善，进而引起人们在

开发自然、利用自然等方面的粗放经营、资源牺牲，不合理行为方式，继而带来生态文明行为层面的破坏；而不文明生态行为的后果——生态文明物质层面的资源约束趋紧、环境污染严重、生态系统退化。为实现我国经济、社会、环境的可持续健康发展，我国迫切需要开展生态文明建设，这是关系人民福祉，关系民族未来的长远大计。

总之，建设生态文明、建成美丽中国，是实现“中国梦”的根本保障，关系中华民族永续发展和人类命运共同体构建的关键要素。

第二节　生态文明建设的内涵与特点

一、习近平生态文明建设思想内涵

习近平在主持浙江工作期间，提出“以人为本，其中最为重要的，就是不能在发展过程中摧残人自身生存的环境。如果人口资源环境出了严重的偏差，还有谁能够安居乐业，和谐社会又从何谈起？”

党的十八大以来，习近平从人类文明演进高度，对当代中国生态文明建设发表了系列重要讲话。

2013年4月2日，习近平参加首都义务植树活动时强调“为建设美丽中国创造更好生态条件”。

2013年5月24日，在主持十八届中央政治局第六次集体学习时强调“努力走向社会主义生态文明新时代”。

2013年7月18日，习近平在致生态文明贵阳国际论坛2013年年会的贺信中指出“为子孙后代留下天蓝、地绿、水清的生产生活环境”。

2013年9月7日，习近平在哈萨克斯坦纳扎尔巴耶夫大学演讲时提出“绿水青山就是金山银山”的论断。

2015年1月，习近平在云南大理市湾桥镇古生村考察工作时提出“山水林田湖是一个生命共同体”的论述。

2016年1月5日，习近平在推动长江经济带发展座谈会上，他指出“要把修复长江生态环境摆在压倒性位置”“推动长江经济带发展必须从中华民族长远利益考虑，走生态优先、绿色发展之路，使绿水青山产生巨大生态效益、经济效益、社会效益，使母亲河永葆生机活力。”

习近平总书记的讲话集中阐释了生态兴衰与文明变迁、生态文明建设与中华民族伟大复兴之间的和谐耦合关系，形成了其生态文明建设思想。习近平总书记的这些生态文明思想，既有现代生态科学基础，又有深厚传统文化底蕴，是马克思主义生态文明观的发展。[143]

（一）习近平生态文明建设思想的问题指向

1. 生态与文明的关系问题：生态兴则文明兴，生态衰则文明衰

人类文明在原始文明到农业文明，再到工业文明的演进变迁过程中，生态因素对人类文明变迁起到极为重要的作用。纵观人类文明的发展史，可以发现“古巴比伦、古埃及、古印度等文明古国均起源于自然资源丰富、生态良好地区，均因为生态环境的破坏导致文明衰落或文明区域的转移。”[144]

习近平总书记深刻理解生态与文明的关系，提出“生态兴则文明兴，生态衰则文明衰”[145]的论断。该论断揭示了生态与文明的内在统一关系，从人类社会发展的高度对生态环境所承载的历史价值进行了战略定位，体现出他对“人类生态文明趋势的清醒认识和理性把握”[146]。

2. 中国现实问题：生态文明是实现中华民族伟大复兴中国梦的根本保障

历史经验教训告诉我们，国家、民族的崛起必须有良好的自然生态环境做保障，否则就会受到自然的惩罚。习近平总书记站在最广大人民群众的立场和时代发展的高度，提出“生态环境保护是功在当代、利在千秋的事业”“建设生态文明，关系人民福祉，关乎民族未来”[147]。这些论述深刻揭示了生态文明建设与“中国梦”之间的“内容”与“目标”的关系，即走向生态文明新时代，建设美丽中国，是中华民族伟大复兴中国梦的重要内容[148]。所以，加快生态文明建设，才能实现人与自然和谐发展，才能还给人类青山绿水、蓝天白云。而人与自然和谐的良好生态环境，是人民福祉的基础，是实现中国梦的根本保障，是实现中华民族伟大复兴的基本支撑。

（二）习近平生态文明建设思想的核心

1. 生态环境本质：生态环境就是生产力

习近平总书记强调“绿水青山就是金山银山”“破坏生态环境就是破坏生产力，保护生态环境就是保护生产力，改善生态环境就是发展生产力”“我们既要绿水青山，也要金山银山。宁可要绿水青山，不要金山银山。因为绿水青山就是金山银山”。[149]-[151]习近平总书记的这些论述揭示了生态环境的生产力属性，体现了他对社会经济发展与生态环境保护之间关系的辩证思考，认为社会经济发展与环境保护能够实现双赢，其本质是相同的，关键在人、在思路。

2. 生态文明建设的终极目标：人类健康生存与持续发展

人的生存环境是自然环境、社会环境的复合体。因此人要实现可持续生存发展，就要尊重自然，维护生态安全。所以，生态文明建设的终极价值在于为人们提供优良的生态环境，让人类健康生存，持续发展。习近平总书记强调“良好生态环境是最公平的公共产品，是最普惠的民生福祉”[147]“以人为本，其中最为重要的，就是不能在发展过程中摧残人自身生存的环境。”这些论述充分体现了生态文明建设的出

发点和落脚点——“人”的利益，揭示了生态文明建设的社会公共属性，建设成果普惠广大人民群众。

（三）习近平生态文明建设思想的实践方向

1. 生态文明建设实践理念：尊重自然、顺应自然、保护自然、确立生态红线

在生态文明建设实践中，习近平总书记强调树立“尊重自然、顺应自然、保护自然的生态文明理念。”人类要生存，离不开自然生态环境提供的生存空间、物资资源等。所以，人类在开发自然的过程中，要尊重自然、顺应自然、保护自然，否则，违背自然规律，必遭受自然的报复。恩格斯早就提醒过我们：“我们不要过分陶醉于我们人类对自然界的胜利，对于每一次胜利，自然界都对我们进行报复。”[152] 对此，习近平总书记提出了确立生态红线的要求。生态红线就是自然生态自我修复“度”的界限，超越“度”这个生态红线，必然遭受自然生态的惩罚。他强调“要牢固树立生态红线的观念。在生态环境保护问题上，就是要不能越雷池一步，否则就应该受到惩罚”。[147]

2. 生态文明建设实践切入点：突出的生态环境问题

在生态文明建设过程中，要坚持问题导向，抓主要矛盾，选择损害人民群众健康的突出生态环境问题作为生态文明建设的切入点。

3. 生态文明建设的后盾：严格的制度和严密的法制

“生态环境损害赔偿制度”“领导干部自然资源资产离任审计”、环境保护“党政同责”“一岗双责”……

习近平总书记强调“只有实行最严格的制度、最严密的法治，才能为生态文明建设提供可靠保障。”

“最严格的制度”，一是制度的执行不折不扣，落到实处，不走样；二是制度面前人人平等，凡是破坏自然生态环境、损害群众生态权益的行为，都要受到法律的制裁。

“最严密的法治”是指法制对制度的支撑和保障性，做到生态文明建设制度“有法可依”。这要求生态文明建设过程中，法制要与时俱进，不断更新与完善。

4. 生态文明建设过程：系统协调与合作

生态文明建设工程是一项复杂的系统工程，不可一蹴而就，它必须与经济、政治、文化和社会协同、合作，形成完整的大系统工程体系。建设生态文明需要大系统内部的各子系统之间协调、合作，共同发展。

生态文明建设的系统性体现在四个方面：

（1）系统内部相关方面协调统一。习近平以“山水林田湖生命共同体”为例，认为“山水林田湖是一个生命共同体，人的命脉在田，田的命脉在水，水的命脉在山，山的命脉在土，土的命脉在树”。[153]

（2）确立生态保护对象的生态主导方面。认为“森林是陆地生态系统的主体和

重要资源，是人类生存发展的重要生态保障”。[154]这一论述，确立了森林在生态文明建设中的主导地位。

（3）明确生态环境问题来源，有的放矢。习近平认为生态环境问题“有的来自不合理的经济结构，有的来自传统的生产方式，有的来自不良的生活习惯”。[155]导致生态环境问题原因很多，环境保护困难重重，所以要明确生态环境问题来源，做到有的放矢。

（4）生态保护主体具有多元性，要全民行动。习近平总书记强调“要按照系统工程的思路，强化党的领导、国家意志和全民行动”。[156]建设生态文明，要在党和政府领导下，通过市场运作、全民行动，通过党、政府、市场和社会公众的通力合作，才能取得生态文明建设的最终胜利。

二、生态文明建设的内涵

胡锦涛总书记指出：“建设生态文明，实质上就是要建设以资源环境承载力为基础、以自然规律为准则、以可持续发展为目标的资源节约型、环境友好型社会。”[157]

习近平总书记指出“遵循天人合一、道法自然的理念，寻求永续发展之路。要倡导绿色、低碳、循环、可持续的生产生活方式”。

以上论述，深刻揭示了生态文明建设的内涵。

生态文明建设的本质要求是以把握自然规律、尊重自然为前提，以人与自然、环境与经济，人与社会和谐共生为宗旨，以资源环境承载力为基础，以建立可持续的产业结构、生产方式、消费模式以及增强可持续发展能力为着眼点，以建设资源节约型、环境友好型社会。

笔者认为，生态文明建设就是树立尊重自然、顺应自然的先进的生态文明理论，以发达的生态经济为物质基础，采用集约式、生态友好型发展模式，以完善的生态制度为保障，实现生态环境质量持续改善、人与自然和谐共生、经济社会与资源环境协调发展的经济、政治、文化和社会四个层面相互关联、相互影响的系统文明建设工程。

（一）经济层面的生态文明建设

经济层面的生态文明建设是指在新常态下，所有经济方面的活动都要坚持生态理念，符合人与自然和谐相处的要求，尊重自然、顺应自然、保护自然，在人与自然协调基础上开展。经济层面的生态文明建设是我国生态文明建设的基础。

经济层面的生态文明建设就是要把生态文明思想融入社会主义经济建设，在发展理念上，改变以往重“量”轻“质”的经济发展模式，强调经济发展“质”与“量”并重；在发展模式上，转变以往高消耗、高污染、高增长的粗放发展模式，走以人为本、人与自然和谐相处、依靠科技和创新引领经济社会发展的路径，不断满足人民的物质和精神文化需求，走一条要生产发展、生活富裕又要生态良好，要金山银山更要碧水青山的体现生态文明建设的中国特色经济发展道路。

1. 文化层面的生态文明建设

文化层面的生态文明建设是指在我国现代化建设过程中要大力宣传生态文明理念，弘扬人与自然和谐相处的价值观。在思想层面要加强生态知识普及和宣传教育，提倡生态道德、生态伦理。在行动层面，坚持人与自然的和谐相处，尊重自然、顺应自然、呵护自然，赋予文化以生态建设的含义，培养高度的文化自觉和文化自信，提高全民族的生态文化素质和生态道德水准。

2. 政治层面的生态文明建设

政治层面的生态文明建设是指党和政府要把生态文明作为国家的重大战略选择，提到“政治”的高度，加强制度建设，完善体制机制，为协调人与自然的关系、实现可持续发展提供强有力的制度保障和政策支持。[158]建立健全生态文明建设制度，惩恶扬善，做好“有法可依”“有章可循”。树立领导干部正确的生态观和政绩观，保证人民群众对生态文明建设的知情权、参与权、表达权和监督权。

3. 社会层面的生态文明建设

社会层面的生态文明建设是指党和政府要重视和加强社会事业建设，提倡绿色、循环、低碳发展和科学、健康、文明向上的生产和生活方式，坚持节约资源和保护环境的基本国策，引导人们在生产和生活中自觉形成“珍爱自然、保护生态，人人有责”的良好社会氛围，树立生态文明新理念。

三、生态文明建设的特点

党十八大报告强调“把生态文明建设放在突出地位，融入经济建设、政治建设、文化建设、社会建设各方面和全过程”。生态文明建设不但要做好其本身的生态建设、环境保护、资源节约等，更重要的是要放在突出地位，融入经济、政治、文化和社会建设各方面和全过程，这就意味着生态文明建设既与经济建设、政治建设、文化建设、社会建设相并列从而形成五大建设，又要在经济建设、政治建设、文化建设、社会建设过程中融入生态文明理念、观点和方法。[159]

党的十九大报告强调“建设生态文明是中华民族永续发展的千年大计，是功在当代，利在千秋的事业。国土是生态文明建设的空间载体，我们要像保护眼睛一样保护生态环境，像对待生命一样对待生态环境，坚持绿水青山就是金山银山，坚持山水林田湖草是一个生命共同体，坚持节约资源和保护环境的基本国策，把生态文明建设要求贯穿于国土资源管理工作全过程，努力开创生态国土建设新境界。”

与以往的文明建设相比，我国生态文明建设实践具有鲜明的特征。

（一）建设与保护同步

建设是生态文明发展的前提和基础。我国社会主义的生态文明，把建设放在突出位置，把生态文明建设融入经济、政治、文化和社会建设的全过程，努力实现美丽中国和中华民族伟大复兴的中国梦。在进行生态文明建设的同时，对生态文明建设成果实施同步保护，这是促进生态文明发展的重要保障，是减轻资源环境压力的迫切需要。我国颁布的《森林法》《中共中央国务院关于全面加强生态环境保护 坚决打好污染防治攻坚战的意见》等生态文明建设的相关法规、制度等很好地体现了生态文明建设与保护同步、协调发展的特点。

（二）全民参与

我国生态文明建设涉及经济层面、政治层面、文化层面和社会层面，是一项浩大的系统工程，需要动员全社会力量，全民行动、人人参与。生态文明建设全民参与，是中国特色的体现。“水能载舟亦能覆舟”，党的生态文明建设方针政策的落实，都离不开广大人民群众的积极参与和支持。建设生态文明，走群策群力、群防群控的群众路线，构建全社会共同参与的生态文明建设格局，是我国生态文明建设取得成功的关键。

（三）全面建设与突出重点相结合

我国生态文明建设是一项复杂的系统工程，涉及自然、经济、文化、政治和社会的方方面面，必须统筹安排，全面建设。但是生态文明建设是一项浩大的工程，不可一蹴而就，需要漫长的建设过程。在生态文明建设的不同阶段，存在不同的突出问题。所以，生态文明建设要突出重点，解决当前所需。因此，生态文明建设要走全面建设与突出重点相结合的建设道路。

（四）多层面、多环节有机结合、协调发展

生态文明建设涉及自然、经济、文化、政治和社会的多个层面，需要法律保护、行政管理、经济处罚、舆论和社会监督等环节有机配合、多手段综合运用，才能有效地遏制我国生态环境恶化的态势，促进生态文明建设健康、有序发展。

第三节 生态文明建设的目标、原则、内容与任务

一、生态文明建设的目标

党的十七大报告提出“建设生态文明，必须加快转变经济发展方式，到 2020 年基本形成节约能源资源和保护生态环境的产业结构、增长方式和消费模式。”到 2020 年，生态环境质量总体改善，主要污染物排放总量大幅减少，环境风险得到有效管控，生态环境保护水平同全面建成小康社会目标相适应。

党的十八大报告提出“形成节约资源和保护环境的空间格局、产业结构、生产方式和生活方式。”

党的十九大报告提出“美丽中国”的生态文明建设目标。

2018 年 6 月 16 日《中共中央国务院关于全面加强生态环境保护 坚决打好污染防治攻坚战的意见》（以下简称《意见》）中提出我国生态文明建设的总体目标：到 2020 年，生态环境质量总体改善，主要污染物排放总量大幅减少，环境风险得到有效管控，生态环境保护水平同全面建成小康社会目标相适应。通过加快构建生态文明体系。2035 年，确保节约资源和保护生态环境的空间格局、产业结构、生产方式、生活方式总体形成，生态环境质量实现根本好转，美丽中国目标基本实现。到本世纪中叶，生态文明全面提升，实现生态环境领域国家治理体系和治理能力现代化。[160]

二、生态文明建设的基本原则

（一）保护优先原则

落实生态保护红线、环境质量底线、资源利用上线的硬约束，深化供给侧结构性改革，推动形成绿色发展方式和生活方式，坚定不移地走生产发展、生活富裕、生态良好的文明发展道路。

（二）问题导向原则

以改善生态环境质量为核心，针对流域、区域、行业特点，聚焦问题、分类施策、精准发力，不断取得新成效，让人民群众有更多获得感。

（三）改革创新原则

深化生态环境保护体制机制改革，统筹兼顾、系统谋划，强化协调、整合力量，区域协作、条块结合，严格环境标准，完善经济政策，增强科技支撑和能力保障，提升生态环境治理的系统性、整体性、协同性。

（四）依法监管原则

完善生态环境保护法律法规体系，健全生态环境保护行政执法和刑事司法衔接机制，依法严惩重罚生态环境违法犯罪行为。

（五）全民共治

政府、企业和社会公众各尽其责、共同发力，政府积极发挥主导作用，企业主动承担环境治理主体责任，社会公众自觉践行绿色生活。

三、生态文明建设的内容

生态文明建设内容丰富：

从价值取向看，必须树立先进的生态伦理观念，尊重自然规律，推动生态文化、生态意识、生态道德等生态文明理念牢固树立，使之成为中国特色社会主义的核心价值要素。

从物质基础看，必须拥有发达的生态经济，对传统产业进行生态化改造，大力发展节能环保等战略性新兴产业，使绿色经济、循环经济和低碳技术在整个经济结构中占较大比重，推动经济绿色转型。

从激励与约束机制看，必须建立完善的生态制度，把环境公平正义要求体现到经济社会决策和管理中，加大制度创新力度，建立健全法律、政策和体制机制。

从底线看，必须保障可靠的生态安全，有效防范环境风险，及时妥善处置突发资源环境事件和自然灾害，维护生态环境状况稳定，避免重大生态危机。

从根本目的看，必须持续改善生态环境质量，让人民群众喝干净的水、呼吸新鲜的空气、吃放心食物。

综上所述，生态文明建设的内容包括四方面，具体如下：

（一）生态意识文明

思想意识是解决人们的世界观、方法论与价值观问题的思维方式。其中最重要的是价值观念与思维方式，它指导人们的行动。建设生态意识文明，包括树立人与自然同存共荣、天人合一的自然观；建立社会、经济、自然相协调，可持续的发展观；选择健康、适度消费的绿色生活观。

（二）生态行为文明

生态文明重在建设实践，这体现在社会行为的全过程。在生态文明建设过程中，运用行为科学理论指导人类的社会行为，协调人与自然、经济之间的矛盾，以促进生态文明建设的进程。为此，要转变高消费、高享受的消费观念与生活方式，提倡勤俭节约，反对挥霍浪费，选择健康、适度的消费行为，提倡绿色生活，以利于人类自身的健康发展与自然资源的永续利用。

（三）生态制度文明

制度是行为规范的保障。建设生态制度文明，为生态环境保护提供制度保障。生态制度文明，反映生态环境保护的水平，反过来，生态环境保护和建设的水平，是生态制度文明的外化，是衡量生态制度文明程度的标尺。

（四）生态产业文明

生态产业文明是生态文明建设的物质基础。生态产业包括生态工业、生态农业、生态旅游业及环保等产业。发展生态产业，转变生产方式，对现行的高能耗、高污染生产方式进行生态化改造是推进生态文明建设的重要手段。

四、生态文明建设的主要任务

我国生态文明建设的主要任务，包括八个方面的内容，具体如下：

（一）转变经济发展方式

加快转变经济发展方式和消费模式，大力发展绿色和循环经济，培育、壮大节能环保产业，大力发展第三产业，形成资源节约、环境友好的产业结构和产业布局。

（二）改善民生

着力解决社会公众关心的生态环境问题，急群众所急，想群众所想，不断改善民生福祉。

（三）改善生态环境质量

深化节能减排，加大生态环境污染治理和生态修复，加强环境质量监管和处罚力度，持续改善生态环境质量。

（四）构建生态安全屏障

构建生态灾害预警体系，加大生态灾害预防和突发灾害的防控，加强生态环境保护，构建完善的生态安全屏障，降低生态危害，保障生态环境安全。

（五）加快农村生态环境治理

加快农村生态环境基础设施建设，推进实现城乡公共生态基础设施均等，加大农村生态环境综合治理，不断改善农村生态环境质量。

（六）建立健全生态文明建设激励与约束机制

建立健全生态文明建设的法律法规，建立生态文明体系、机制，构建完善的生态文明建设制度体系，健全生态文明建设奖惩激励机制。

（七）加强生态文明宣传教育

加强生态文明宣传教育，培养社会公众生态文明意识和绿色生活观念，树立和弘扬生态文明理念，不断提高社会公众生态文明素质。

（八）积极应对全球生态环境问题

随着世界经济一体化的发展，全世界形成了一个全球生命共同体，生态文明建设不再仅仅是一个国家的问题，而是全世界的问题。因此，建设生态文明，应积极应对全球气候变化，加大全球生物多样性保护等全球性生态环境问题。

第四节 我国生态文明建设的SWOT分析

我国生态文明建设有优势、劣势，有机遇，但也面临严峻的挑战。

一、生态文明建设的优势（Strengths）

（一）政治优势

我们的党是科学发展观武装起来的政党，全心全意为人民服务，代表广大人民群众的根本利益。我们的党具有突出的政治主旨优势和政治动员优势，竭力实现最广大人民群众的根本福祉，着力解决关系人民群众切身利益的民生问题，维护社会稳定，促进社会和谐，确保生产发展、生态良好、生活富裕，具有很强的领导社会主义生态文明建设的感召力、吸引力和凝聚力。所以，中国共产党执政的政治制度，为社会主义生态文明建设提供了政治优势。

（二）经济优势

2017年中国经济总量稳居世界第二，国内生产总值（GDP）占世界经济的比重达到15%左右，6.9%的增速比上年提高0.2个百分点。

生态文明建设成本高、投资大、周期长，我国世界第二的经济体量和6.9%的经济增速为生态文明建设提供了经济基础保障。

（三）制度优势

社会主义公有制为主体的经济制度，决定了社会主义生产的目的是为了满足人民群众日益增长的物质和精神文化需要。只有社会主义公有制为主体的经济制度，才能够更好地实现经济效益、社会效益和生态效益三者的有机统一，为生态文明建设提供合理的社会制度前提与条件。[161]

建设生态文明，实现人与自然的和谐进化、协同发展，必须在根本上构建以社会生态化为价值取向的社会制度，实现“人的尺度”与“自然界的尺度”的有机统一。社会主义社会的本质是解放生产力，实现共同富裕。习近平总书记提出“小康路上，一个都不能掉队。”只有先进的社会制度，才能实现共同富裕，才能实现人与社会的和谐发展。只有人与社会的和谐，才能实现人与自然的和谐。而人与社会的和谐、人与自然的和谐是生态文明的本质所在。可见，先进的社会主义制度，彰显了国家主导生态文明建设的政治制度优势。

生态文明建设是经济、政治、文化、社会等生态整体主义视角下有限度、均衡、可承受的发展。基于此，我国从国家的高度进行顶层设计，战略性地调整国家的发展方式与方向，让物质的积累和精神的进步融入到与自然生态的整体协调，让生态文明成为精神文明、物质文明和政治文明的基础和前提，这无不体现我国生态文明建设的制度优势。

（四）文化优势

中国人自古就有亲近自然、追求人与自然和谐共存的文化传统和朴素的生态文明思想意识。早在2000多年前，道家庄子提出了“天人合一”思想。“天人合一”思想的核心是倡导人与大自然和平共处，包含对人类中心主义的深刻批判，与当今生态文明倡导的人与自然和谐相处的思想十分契合。阅读古代田园诗人陶渊明、王维等人的诗作，可以欣赏到中国古代山水田园的优美画卷，能够体会到“天人合一”的思想和“智者乐山，仁者乐水”的睿智。我国古人亲近自然、爱护环境、追求“天人合一”的朴素的生态文明思想积淀，奠定了我国生态文明建设的文化基础。

（五）前期成果基础优势

党的十七大开启生态文明建设征程以来，我国生态环境质量有所改善，生态保护和生态建设取得显著成效，环境风险防控稳步推进，生态环境法治建设不断完善。2015 年，首批开展监测的 74 个城市细颗粒物年均浓度比 2013 年下降 23.6%，酸雨区占国土面积比例由历史高峰值的 30% 左右降至 7.6%，大气污染防治初见成效。全国森林覆盖率提高至 21.66%，超过 90% 的陆地自然生态系统类型、89% 的国家重点保护野生动植物种类以及大多数重要自然遗迹在自然保护区内得到保护，大熊猫、东北虎、扬子鳄等部分珍稀濒危物种野外种群数量稳中有升。荒漠化和沙化状况连续三个监测周期实现面积“双缩减”。天然林资源保护、退耕还林还草、退牧还草、防护林体系建设、河湖与湿地保护修复、防沙治沙、水土保持、石漠化治理、野生动植物保护及自然保护区建设等一批重大生态保护与修复工程稳步实施。《环境保护法》《大气污染防治法》《放射性废物安全管理条例》《环境空气质量标准》等完成制或修订，《生态环境损害责任追究办法》等文件陆续出台，生态保护补偿机制进一步健全，全社会生态环境法治观念和意识不断加强。

总之，我国生态文明建设的前期成果为我国生态文明建设奠定了持续建设的基础和丰富的建设经验。

二、生态文明建设的劣势（Weaknesses）

（一）生态文明建设责任落实不到位

一些地方和政府部门，对生态文明建设认识不到位，导致生态文明建设主体、生态环境保护主体、生态环境修复治理主体不到位，责任落实不到位，这很大程度上影响力我国生态文明建设的进程。

（二）经济社会发展同生态环境保护的矛盾突出

社会经济的发展离不开生态资源环境的支撑。但是，目前资源环境承载能力已经达到或接近上限，新老环境问题交织。经济社会发展同生态环境保护的矛盾，给我国生态文明建设带来了不小的压力。

（三）产业结构和布局不合理，生态环境风险高

城乡区域统筹不够，区域性、结构性、布局性环境风险日益凸显。重污染天气、黑臭水体、垃圾围城、生态破坏等问题时有发生。产业结构和产业布局不合理带来的生态环境风险高，成为生态文明建设的短板。

（四）当前经济社会发展不协调、不均衡

当前，我国经济总量增长很快，但实现经济增长的方式还比较粗放，工业化发展观念尚未完全消除，各类经济结构性矛盾还比较突出。城市与农村二元经济的结构没有得到根本改变，城乡发展不协调问题十分突出。区域发展很不平衡，中国西部地区的发展远滞后于东部地区的发展。资源、能源短缺与社会经济持续发展的矛盾问题日益突出。我国社会经济发展的不均衡、不协调问题，很大程度上阻碍了我

国生态文明建设的步伐。

（五）环境基础设施投资建设落后

我国污水、垃圾、绿化等环境基础设施投入不足，建设滞后。目前，全国污水处理率、城市垃圾处理率偏低，特别是农村地区环境基础设施建设严重不足，低效、简单的垃圾处理方式，往往造成垃圾对土壤、地表水、空气等的二次环境污染。环境基础设施投资建设落后，成为我国生态文明建设的“短板”。

（六）山水林田湖草缺乏统筹保护，生态损害大

我国中度以上生态脆弱区域占全国陆地国土面积的55%，荒漠化和石漠化土地占国土面积的近20%。森林系统低质化、森林结构纯林化、生态功能低效化、自然景观人工化趋势加剧，每年违法违规侵占林地约200万亩，全国森林单位面积蓄积量只有全球平均水平的78%。全国草原生态总体恶化局面尚未根本扭转，中度和重度退化草原面积占1/3以上，已恢复的草原生态系统较为脆弱。资源过度开发利用导致生态破坏问题突出，生态空间不断被蚕食侵占，一些地区生态资源破坏严重，系统保护难度加大。

（七）社会公众的生态文明素养偏低

生态文明素养是指对以人与自然、人与人、人与社会和谐共生、良性循环、全面发展、持续繁荣为基本宗旨的文化伦理形态所保持的敬畏之心和平素养成的良好习惯。生态文明素养包括两个方面：

（1）“知”的水平，即人们对环境问题和环境保护的认识水平和认识程度。

（2）“行”的取向，即人们保护环境行为取向和具体行动。它包括生态知识素养、生态伦理素养、生态情感素养和生态行为素养三方面内容。

随着我国社会经济发展、生活质量的提高、现代传媒的发展以及重大、重点环境问题的披露，社会公众对生态环境质量的关注度越来越高，生态文明意识不断提升。但是，社会公众对生态环境的认识还停留在浅层次上，把生态问题等同于环境污染，把环境保护等同于环境污染治理，在环保行动和环境维权意识上，主要关注个人生存空间和个人生态权益方面，对公共环境的维护缺乏责任意识和监督意识。由此可见，我国社会公众的生态文明素养还比较低。社会公众偏低的生态文明素养，很大程度上减少了社会公众参与生态文明建设的热情，一定程度上影响了生态文明建设的群众基础。

三、生态文明建设的机遇（Opportunities）

（一）全球关注生态环境问题

随着世界工业文明的发展，生态环境遭到严重的污染和破坏，人口剧增、温室效应、大气污染、海洋生态恶化、陆地沙化、水资源污染、酸雨、森林锐减、物种灭绝、

地震、海啸等严重的环境问题给各国经济带来了巨大损失，生态环境问题已引起全世界的普遍关注。现在，世界各国普遍把生态环境建设纳入政治范畴，从国家战略高度致力于本国生态环境建设。与此同时，国际上也相继组建了世界性的环保联盟、绿色经济联盟。生态环境的全球关注和国际绿色低碳循环发展潮流，为生态文明建设提供了世界性舞台和广阔发展的空间。

（二）解决生态环境突出问题的"窗口期"历史机遇

在建设美丽中国的生态文明新时代，我国社会的主要矛盾是人民日益增长的美好生活需要和不均衡发展之间的矛盾。至2020年，是我国全面小康社会的决胜期。小康全面不全面，生态文明质量是关键。在决胜全面小康社会的关键历史性"窗口期"，加大力度、夯实基础，解决我国生态环境领域的突出问题，确保2020年实现全面小康，2035年生态环境质量实现根本好转，美丽中国目标基本实现；到本世纪中叶，物质文明、政治文明、精神文明、社会文明、生态文明全面提升，绿色发展方式和生活方式全面形成，人与自然和谐共生，生态环境领域国家治理体系和治理能力现代化全面实现，建成美丽中国。我国社会发展的"窗口期"，为生态文明建设提供了前所未有的历史机遇。

四、生态文明建设的挑战（Threats）

（一）经济增长对石化能源的高需求

经济的发展无疑带来能源消耗的增加。长期以来，我国能源结构比较单一，以石油、煤炭等不可再生石化能源为主。近年，虽然加大了水能、太阳能、生物质能等可再生能源的研发和使用，但在总能源结构中，仍占较小比重。所以，经济增长对能源的需求依然靠石化能源的高消耗来满足。石化能源的增加，一方面加大因能源开采带来的地面塌陷等环境的破坏和资源的枯竭；另一方面石化能源的消耗增加二氧化碳、硫氧化物、氮氧化物排放，造成严重的大气污染。所以，经济增长对石化能源的高需求，是生态文明建设的重要挑战。

（二）生态系统服务功能下降

所谓生态系统服务功能是指自然环境自我接受或转化社会废弃物、环境自我修复以及为社会系统输出健康有用物质和能量的能力。生态系统作为一个自然系统，具有一定的承载能力。随着人类对自然改造和开发能力的增强，环境污染、森林退化、土地沙化、生物物种的灭绝等生态环境系统的服务要素遭到严重破坏和损害，导致生态环境的自我修复能力和废弃物接纳能力下降。同时，煤炭、石油等不可再生物资的开采带来资源的枯竭，致使生态系统提供的有用物资减少。总之，生态系统服务功能下降，加剧了生态文明建设的艰巨性和持久性。

第四章 生态文明建设、政府生态责任以及政府审计关系研究

第一节 政府生态责任内涵

一、政府

“政府”一词起源于唐宋时期的“政事堂”和宋朝的“二府”两名之合称。唐宋时期，中央机构划分为三省六部。

尚书省：下设吏、礼、户、兵、刑、工六部，主管行政事务。

中书省：起草政令，实为秘书班。

门下省：掌管出纳帝命，有审查诏令权力。

唐朝为提高工作效率将中书省和门下省有时合署办公，称为“政事堂”。宋朝将“政事堂”设于中书省内，称为中书。宋初年设立主管军事的枢密院。宋朝的中书省和枢密院并称为“二府”。

“政事堂”和“二府”合称即为后来的“政府”。可见，政府是国家权力机关的执行机关，是国家行政机关，它是国家公共行政权力的象征、承载体和实际行为体，它有广义和狭义之分。

广义的政府是指国家的立法机关、行政机关和司法机关等公共机关的总和，代表着社会公共权力。它可以被看成是一种制定和实施公共决策，实现有序统治的机构，泛指各类国家公共权力机关，包括一切依法享有制定法律、执行和贯彻法律，以及解释和应用法律的公共权力机构，即通常所谓的立法机构、行政机构和司法机构。

狭义的政府仅指国家权力机关的执行机关，即国家政权机构中的行政机关，是一个国家政权体系中依法享有行政权力的组织体系。本研究所指的政府，仅指狭义意义上的政府。

二、政府责任

从不同学科视角来看，政府责任具有不同的内涵。

政治学以政治责任为核心界定政府责任，认为政府必须向赋予其公共权力的社会公众负责，它更关注政府权力的政治合法性问题。

法学视野中的政治责任则更侧重对政府所承担的法律责任的解释和说明。认为政府责任就是政府对行政负“法”上的责任，就是行政法律责任。它强调政府的消极责任即政府承担的否定性法律后果。

伦理学则以责任为核心来考察政府责任，关注政府的组成人员即政府行政人员所应承担的伦理责任问题。政府不是自然的产物，而是人类缺陷的补救。“美国宪法之父”麦迪逊说过“政府本身若不是对人性的最大耻辱，又是什么呢？如果人都是天使，就不需要任何政府了。如果是天使统治人，就不需要对政府有任何外来的和内在的控制了。”[162-163]就是说，政府没有天使般的纯洁无私，所以必须设置监督约束机制来控制他们，政府也需要按照约束机制明确自身责任并认真履行。

经济学以契约论为理论基点，依据政府所承担的社会角色将其划分为消极政府和积极政府。[164]

综合上述分析，笔者认为政府责任就是指政府在依法享有行政权力基础上，对社会民众的需求做出回应，并采取积极措施，公正、有效率地实现公众的需求和利益的政治责任、行政法律责任、道德责任等责任和义务。

三、政府生态责任

随着经济的发展，生态环境问题越来越严重，已成为社会关注的焦点。随着人们对生态环境问题认知的深入，人们逐渐意识到人类环保问题不仅仅是个人或者企业的问题，政府也必须承担其不可推卸的责任。因而，政府生态责任问题就成为理论界关注的重要问题之一。对于如何界定政府生态责任，观点不一。

李亚在《论经济发展中政府的生态责任》一文中指出，政府生态责任是一个同政治责任、法律责任、道德责任和行政责任同等重要的概念，主要包括树立生态理念、保证生态和谐的制度供给、发展生态经济。[165]

李鸣在《略论现代政府的生态责任》一文中指出，政府生态责任是指在生态文明时代，在责任政府的现代化背景中，政府对保持良好的生态环境所应承担的责任，其具有时代性、国家权威性、公共政策性和战略性的重要特征。[166]

毕铁居、吴绍琪在《和谐社会与政府生态责任体系的构架》一文中指出，生态建设是政府的义务。政府的生态责任即政府依据一定的法律法规凭借行政权力采取各种措施手段创造人—自然—社会协调的经济社会环境。政府的生态责任具体表现在对自然生态和谐管理、人际生态和谐管理、社会生态和谐管理上。

综上所述，笔者认为，政府生态责任是政府责任的一种，是政府为实现可持续发展战略而承担的具有重大意义的政府责任内容，即政府对自然资源开发和生态环境保护、以及致力于促进经济社会和谐发展方面所应承担的生态职责和必须履行的生态义务，它是政府的政治责任、行政责任和道德责任的综合体，既是政治责任的一种，又是行政法律责任的一部分，同时还是道德责任必不可少的因子。

第二节 政府治理下的政府审计

政府审计是指政府审计机关依法独立检查被审计单位的会计资料以及其他与财政收支、财务收支有关的资料和资产，监督财政收支、财务收支真实、合法和效益的行为。其实质是受人民委托对国家管理者承担的公共受托经济责任进行独立评价与控制。我国政府审计包括中央、地方审计以及行政单位预决算审计。政府审计的目的，一方面是监督国家财政预算资金合理、有效地使用；另一方面是对财政决算情况做出客观的鉴定与公证，为财政管理提供改进措施，并揭露违法行为。其主要工作内容是对财政、金融与保险、公共投资、政府行政部门、公营企业、公债、环境生态等进行审计。

十八届三中全会将“推进国家治理体系和治理能力现代化”列为“全面深化改革总目标”；党的十八届四中全会上，习近平总书记指出“推进国家治理体系和治理能力现代化……”这体现了国家创新理论思维的科学精神和开放态度。

一、治理的内涵

“治理”一词源远流长，可以追溯到古拉丁语和希腊语的“操舵”一词，原意是控制、指导和操纵。长期以来，治理一词专用于国家公务有关的法律执行问题，或者指管理利害关系不同的多种特定机构或行业。[167]

20 世纪 80 年代”治理”一词广泛应用到政治学、国际关系学、经济学、管理学、社会学等学科领域。研究治理理论，理清“治理”（Governance）和“政府”（Government）是关键。所谓政府是为了满足政治集团的内外部利益和行使统治权利而设立的机制和制度安排。而治理确是为社会利益而进行权威性决策的过程和结果。[168] 治理是一个比国家、政府、政体内涵更广的概念，它是正式的制度安排与公民社会的互动。

治理理论的兴起是 20 世纪 90 年代以来政治学研究中的重要事件，1989 年世界银行用“治理危机”一词概括当时非洲的情形。此后，治理概念便被广泛地应用于政治发展研究中成为热门话题，引起理论界和实践界的广泛关注。

罗西瑙（J. N. Rosenau），治理理论的主要创始人之一，他认为“治理是一系列活动领域里的管理机制，这些管理机制虽未得到正式授权，却能有效发挥作用”。

著名国际政治学家卡列维·霍尔斯蒂（Kalevi J.Holsti）指出：治理在一定意义上就是秩序加上某种意向性，秩序意味着对行为的限制。

日本国际知名的国际政治和国际关系学者星野昭吉认为“治理的本质是一种非暴力、非统治的治理机制，而不是强迫和压制。”

美国研究治理理论的权威库伊曼（J Kooiman）和范·弗利埃特（MVanVliet）认为“治理所要创造的结构或秩序不能由外部强加，其发挥作用是要依靠多种进行统治的以及互相发生影响的行为者的互动。”

联合国全球治理委员会（CDD）认为“治理是指各种公共的或私人的个人和机构管理其共同事务的诸多方法的总和，是使相互冲突的或不同利益得以调和，并采取联合行动的持续过程。”该定义既包括有权迫使人们服从的正式制度和规则，也包括各种人们同意或符合其利益的非正式制度安排。依据该定义，联合国全球治理委员会总结了国家治理的四个特点：一是治理不是一整套规则，也不是一种活动，而是一个过程；二是治理过程的基础不是控制，而是协调；三是治理既涉及公共部门，也包括私人部门；四是治理不是一种正式的制度，而是持续的互动。

二、政府治理理论

随着西方经济社会的发展，西方乃至全世界发生了根本的变化。社会公众的价值观、消费观发生了很大变化，公众的民主意识、参与意识增强，这种变化对政府管理提出了新的要求。传统的僵化的国家行政管理体制、效率低下的行政管理部门已不能满足社会公众对政府的要求。在这种大背景下，一种突破传统公共行政学科界限的“政府治理”模式应运而生。“政府治理”把当代西方经济学、工商管理学、政策科学（政策分析）、政治学、社会学等学科的理论、原则、方法及技术融合进公共部门管理的研究之中，构建了高效、高质量、低成本、应变力强、响应力强、有更健全的责任机制的一种“新公共管理理论”。

自20世纪70年代以来，西方国家积极推进政府治理，追求善治的政府结构，成为一种引人注目的国际性浪潮和趋势。治理囊括了社会中的每个组织和机构，从家庭到国家。但是从其定义上讲，它强调直接决定人类可持续发展的三个重要的治理部门，即国家（政府组织和政府机构）、公民社会组织和私人部门。

政府的本质是用社会民众让渡给它的权力来维护社会交往的正常秩序，保护私人的财产权，从而达到整个社会节约交易成本的目的。

由于政府使用的是民众转交的权力，所以，它必须对社会民众负责，接受民众的监督，以保证政府不会滥用这些权力。

因此说，政府治理的本质是建立一种相互制约机制，以保证人民让渡的权力和以税收形式形成的政府收入，用到人民真正需要的地方，以提高人民的生态福利、生活福利以及经济福利水平。

随着社会经济环境的不断变化，政府治理目标、方法、模式会有所不同，但实现政府善治是每个国家以及同一国家不同历史阶段的共同愿望和不断的追求。

长期以来，我国坚持走中国特色社会主义道路，坚定不移的发展社会主义民主政治，与时俱进、开拓创新，大力推进“效益型”“责任型”“服务型”政府，不断探索新形势下的国家治理模式，推动国家各方面建设事业健康发展，实现国家政治秩序稳定，政府能够持续地对社会资源进行合理分配，提高社会系统运行的有效性，保障国家和人民的整体利益，最终实现长治久安，即政府善治目标。依据政府治理的内容，政府治理的目标具体包括五个方面：

（一）政治目标

保证政府信息，特别是政府审计信息公开是推进民主与法治的有效工具。因此，制定一套有效的政府审计公告制度，通过政府审计及时揭示并向社会公众反映政府代表公众利益履行职责的总体情况和存在的问题，促进政府受托责任的依法履行。

（二）经济目标

我国政府以经济建设为中心，国家经济实力显著增强，国有资产规模不断扩大，资产质量不断提高。在科学发展观指导下，政府部门出台并实施系列调控新政，对社会生产力的发展进行合理引导，维护国家经济安全，人民物质文化生活水平不断提高，美丽中国梦逐步实现。

（三）社会目标

目前，我国正处于转变经济发展方式的关键时期，构建和谐社会，使整个社会达到公平、公正，促进健全社会保障制度，共享经济发展成果，缓解社会结构转型所引发的各种矛盾和冲突，维持社会稳定，建设和谐社会，以实现政府善治的目标。

（四）生态文明目标

经济社会发展过程中，我国资源浪费、环境损害问题时有发生。因此，政府必须对我国的资源环境进行有效治理。这就要求政府必须对国有资源、环境的规划、开发、利用行为进行合理安排，加快生态文明建设步伐，促进我国社会生态文明发展。

（五）文化目标

文化能够体现一个国家的软实力。要想实现国家经济、政治的良好治理，必须转变现有的粗放经济增长模式，促进文化产业发展，增强文化自信，实现文化立国目标。

三、政府治理机制

政府治理机制指的是指政府治理主体在特定场域内，在某种动力的驱使下，通过某种方式趋向或实现治理目标的过程。[169] 它包括三方面内容，具体如下：

（一）政府内权力的相互制约

政府内设置相应权力制约机制，防止一权独大，一权凌驾于其他权力之上，这是政府善治的关键。

（二）政府运作公开透明

政府权力来自社会公众的授权，所以政府信息公开，使政府运作透明化是社会公众对一个负责任的政府最基本的要求。

（三）社会民众的广泛参与

社会公众的有序参与，既是对政府运作的监督，也是政府取信于民的重要举措，是民众授权于政府后的自主权力要求。而且民众参与的程度越广，政府的公信力就越强，其财政和政策的执行力也就越强。如果说政府的信息公开、透明是对社会公众的一种直接责任回报的话，那么，有组织的社会民众的广泛参与就是一种间接的对政府运作的主动管理和监督。

总之，政府内权力的相互制约，政府运作的公开透明和普通民众的广泛参与，三者之间是一个有机的整体。其共同的基础是政府权力由人民授予、政府必须对民众负责。

四、政府治理下政府审计的作用

政府治理理论秉承社会契约论，强调政府与社会公众之间的契约关系，认为在政府监督大体系中，政府审计监督体系是其重要组成部分。政府审计在帮助政府善治的同时，促进政府建立责任政府并不断提高运行效率，最终为政府治理提供服务。

从政府审计参与政府治理的理论基础看，我国政府审计经历了审计监督论、免疫系统论、政府治理论三个阶段，目前处于政府治理论阶段。政府审计从属于政府治理体系，并反作用于政府治理，在推动政府治理体制改革、促进社会生态文明建设方面发挥着极其重要的作用。

（一）监督作用

监督作用即政府审计对政府治理的监察、督促作用，以确保政府治理系统的有效运行。政府审计机关作为政府的监督部门，以法律、法规为准绳、以行为标准为依据，对政府各项活动进行监督控制，对被审计单位与经济活动相关的信息资料和实施效果进行审查，揭示问题，督促单位或个人遵纪守法，履行经济受托责任，提高经济社会效益，加强宏观调和管理，维护市场经济秩序，确保国家经济安全，提升政府治理的有效性。

（二）评价作用

评价作用是指政府审计机关依照确定的审计目标对被审计单位与经济相关的事项进行分析判断，并发表审计意见的行为，它是审计报告的重要组成部分。政府审计对被审计单位经济政策的合法性、经济决策的科学性、计划方案的先进性、内部控制系统的健全合理和有效性、各项财政资金使用的合理性和效益性等经济责任履行情况进行检查、评定，分析其存在的问题，揭示问题的深层次原因，提出意见和合理化建议，以发挥政府审计的建设性作用。

（三）前瞻与预防作用

政府审计作为国家经济社会的“免疫系统”，应当及时识别、揭示面临的各种外部风险，对有可能发生的风险或问题进行前瞻性的预测和评价；围绕经济社会发展目标和国家宏观调控政策，通过专项审计调查关注关系国家经济安全和民生的重大问题，立足当前、着眼未来，为政策制定提供工作重点并提请政府决策层及有关部门采取相应对策。

（四）揭露作用

揭露作用即政府审计作为国家免疫系统对国家经济社会进行监视，对违法违规、损失浪费、绩效低下等问题进行查处，揭示体制障碍、制度缺陷、机制扭曲和管理漏洞，维护国家经济社会秩序，保护国家和人民的利益。

（五）抵御作用

抵御作用即政府审计运用其独立性、客观性及专业技术优势对被审计单位或部门存在的经营管理方面的缺陷和潜在的风险进行预警、纠正及化解，对可能发生的违法、违规、违章、违纪问题及早发现，提前预防，促进增强国家治理系统的“免疫力”。政府审计及时跟进、密切关注整个社会经济运行安全，及时发现苗头性、倾向性问题，通过提前发出警报，以防止苗头性问题转化为趋势性问题，防止违法违规意念转化为违法违规行为，防止局部性问题演变为全局性问题。

第三节 生态文明建设、政府生态责任与政府审计三者的关系

建设生态文明首先是生态环境保护。生态环境作为社会公共资源，维护社会生态环境的健康可持续发展是政府不可推卸的职责。依据公共受托经济责任理论、政府治理理论，政府有对生态环境和自然资源进行管理、维护使其安全的责任；而政府审计，是政府治理的有效工具，显然，三者之间存在密切关系。

一、政府生态责任与生态文明建设的关系

（一）政府是生态文明建设的主导

当下，社会经济发展与生态文明建设是一对矛盾，其实质是利益相关者之间的“利益”博弈。它涉及个体与群体、局部与整体、当代与后代的利益博弈。复杂的利益博弈，

谁来代表大局、整体和长远？是芸芸众生的个体、小群体？还是先知先觉的志愿者？依据公共受托责任理论，社会公众把公共资源委托政府进行管理，作为社会公众的受托管理人，政府对社会公共资源进行有效配置，维持其健康持续发展是受托政府的当然责任。所以，在社会经济发展与生态文明建设的矛盾博弈中，政府代表的是全局，是整体。所以，在生态文明建设中，政府要把自己置于主要的责任地位，承担起生态文明建设的主导责任。

（二）建设生态文明是政府善治的具体体现

生态文明是与物质文明、精神文明、政治文明并列的第四文明。只有实现生态文明和社会经济发展的协调一致，才能真正构建和谐社会、实现社会经济的可持续发展。建设生态文明，是社会公众对生态环境发展的具体要求。作为社会公共资源的受托管理者，对公共资源进行合理有效配置，实现社会经济和生态环境的长远健康发展，满足社会公众的公共需求，是政府善治的具体体现。

二、政府生态责任与政府审计的关系

（一）政府审计是政府生态责任实施的有力工具

在生态文明建设过程中，政府运用政府审计的前瞻与预防功能，对生态环境发展现状进行前瞻性评估，对可能发展的生态环境问题进行预警并提出合理化建议，为政府生态规划和生态决策提供指导或参考。政府审计通过开展审计活动，发现并揭露生态文明建设中存在的违法违规、损失浪费、绩效低下、体制障碍、制度缺陷、机制扭曲和管理漏洞等问题进行改进和完善，为政府生态责任的高效履行，提供有力保障。

（二）政府审计对政府生态责任履行起监督、评价作用

政府审计作为国家的免疫系统，是政府治理的有效工具。反过来，政府审计运用其独有的监督、评价功能，对政府生态责任的履行情况、生态文明建设质量进行监督检查和评价，对发现的政府生态责任问题进行披露，并督促其及时改正，以保障政府生态主导责任的有效实施。

三、政府审计与生态文明建设的关系

（一）政府审计监督服务生态文明建设

前已述及，政府审计对政府生态责任起到监督评价等服务作用，以保障政府生态责任的有效履行。政府作为生态文明建设的主导，其生态责任的高效实施，必然推动生态文明建设的发展步伐。由此可见，政府审计对生态文明建设起到监督、促进等服务作用。

（二）生态文明建设对政府审计提出审计诉求与新要求

传统政府审计主要以法律、法规为准绳、以行为标准为依据，对政府各项经济

活动进行监督控制，对被审计单位与经济活动相关的信息资料和实施效果进行审查，揭示问题，提高其经济社会效益，加强宏观调和管理，维护市场经济秩序，确保政府经济安全，提升政府治理的有效性。

目前，我国生态文明建设处于初级、摸索阶段，这需要政府审计对其资金使用安全与效益、生态文明建设制度执行与完备方面进行审计监督、评价，对生态文明建设的潜在风险等进行揭示并提出防御建议，这些都是生态文明建设对政府审计的诉求。

生态文明建设是一项浩大的、复杂的系统工程，是我国前所未有的事业，建设过程中会出现很多复杂的新问题，这对我国政府审计提出了新的要求。

1. 政府六大审计类型重要性的重新定位

目前，政府审计由财政、金融、企业、经济责任、涉外资金审计和环境审计六大审计类型。环境审计发展以来，其审计项目、内容是最少的，受重视程度比较低。但政府审计服务生态文明建设，最主要的审计活动就是开展环境审计活动。所以，政府六大审计类型的重要性地位需要重新界定，把政府环境审计放到比财政、金融、企业、经济责任和涉外资金审计更重要的位置，加大资源环境审计的力度，把资源环境审计当作服务生态文明建设的聚焦点和突破点，不断扩大资源环境审计覆盖面，促使政府审计更好地发挥服务生态文明建设的作用。

2. 倡导政府审计新理念

新常态下，生态文明建设被赋予了更丰富的内涵。政府审计也要以人和自然和谐发展理念服务好我国生态文明建设。政府审计机构和审计人员在审计实践中，要以生态文明理念指导政府审计工作，创新审计思路、审计理论、审计方法和技术，丰富政府审计的内容与内涵，不断提高政府审计服务生态文明建设的能力。

3. 开拓政府审计新思路

生态文明建设是一项浩大、复杂的系统工程，建设过程中必然会出现许多新情况、新问题，政策和项目会更加复杂，生态文明建设资金和数据会更加庞大，这对政府审计人员知识的专业性与复合性提出了更高的要求，对审计思路、方法、手段和技术提出了新挑战。为更好地服务生态文明建设，政府审计机构及审计人员要努力提高综合性审计能力；不断拓展审计思路，创新审计理念；把互联网、大数据、信息技术等纳入政府审计活动，在信息化审计技术上下功夫，努力提高审计信息化水平，掌握新形势下提升政府审计服务生态文明建设的新手段、新方法。

总之，政府审计作为政府治理的工具，对政府的生态责任进行监督、评价，通过审计监督可以促进政府生态责任的有效履行，促进生态文明建设的持续健康发展。

第五章 政府审计服务生态文明建设的使命与外在诉求

第一节 政府审计服务生态文明建设的依据

一、法律法规依据

（一）《宪法》《审计法》赋予的生态文明建设资金审计监督权

我国《宪法》《审计法》赋予政府审计的独立审计监督权，依法对政府机构、企事业单位、社会团体等的财政财务收支等进行审计监督。生态文明建设是一项浩大的系统工程，离不开国家财政资金的支持。对生态文明建设财政资金的收支审计是政府审计的基本职能。

（二）环境审计相关法律法规赋予政府审计的环境审计监督、检查权

从2003年环境审计协调领导机构创建到党的十九大胜利召开，我国对环境问题的关注度不断攀升，先后出台了《全国生态环境保护纲要》《审计署关于加强资源环境审计工作的意见》《关于开展领导干部自然资源资产离任审计的试点方案》《关于建立资源环境承载能力监测预警长效机制的若干意见》等，这些法规赋予了政府环境审计对生态文明建设的监督检查权。

二、政府审计实践依据

随着国家对自然生态环境的重视和社会公众生态环保意识的增强，以优化国土开发格局、促进资源节约、加强自然生态系统与环境保护为导向，政府审计积极开

展资源环境审计、绿色金融审计、经济责任审计和领导干部自然资源资产离任审计等与生态文明建设相关的审计监督工作。政府审计开展的与生态文明建设相关的审计活动实践，为政府审计服务生态文明建设积累了丰富的实践经验。

三、国际政府审计经验依据

西方发达国家生态环境建设起步比较早，目前大都形成了持续的良好生态环境。在良好生态环境建设过程中，西方发达国家政府审计多通过开展高质量的资源环境审计参与生态环境建设。比如，美国政府审计先后开展了能源和环保政策、污染治理项目、垃圾和核废料处理项目等环保资金预算管理和执行情况等常规资源环境审计工作。德国政府审计先后对自然环保措施、环保安全教育、环境研究活动、环境监测和环保项目建设方案等开展环保资金预算管理和执行情况审计和跟踪监控审计等资源审计活动。荷兰政府审计机构先后开展了环境管理、环境政策实施、能源节约等环保项目的合规性和效益性、环保政策有效性，环保资金投入成果等环境绩效审计和环境跟踪审计。加拿大政府审计先后开展了环境合规性审计、环境财务审计、环境绩效审计和环境跟踪审计。美国、德国、荷兰、加拿大等西方发达国家政府审计服务国家生态环境建设的经验给我国政府审计服务生态文明建设提供了可借鉴经验。

第二节 政府审计服务生态文明建设的地位与优势

政府审计作为国家治理的“免疫系统”，具有监督、评价、揭示、预防和抵御功能。在国家的“千秋大计”生态文明建设过程中，政府审计履行其监督、评价、揭示、预防等审计职能，服务我国生态文明建设具有独特的地位和优势。

一、政府审计地位高，独立性强

我国《宪法》第九十一条规定“国务院设立审计机关，对国务院各部门和地方各级政府的财政收支，对国家的财政金融机构和企事业组织的财务收支，进行审计监督。审计机关在国务院总理领导下，依照法律规定独立行使审计监督权，不受其他机关、社会团体和个人的干涉。”《宪法》第一百零九条规定“县级及以上的地方各级人民政府设立审计机关。地方各级审计机关依照法律规定独立行使审计监督权，对本级人民政府和上一级审计机关负责。”《宪法》赋予政府审计的高地位和极强的独立性，保障了政府审计在生态文明建设进程中对被审计单位开展审计监督活动时，能够客观、公正、不受干扰地评价生态文明建设行为，做出具有法律强制性的审计决议，能够对发现的问题提出合理化改进建议，能够促进相关生态文明建设政策的有效执行，以提高我国生态文明建设的质量和速度。

二、政府审计的综合性、专业性强，监督领域广泛

政府审计作为专职的政府监督机构，在开展审计活动时，有能力组织多种专业学科人才，可以融合多专业科学知识，对生态文明建设过程或建设环节开展综合性的监督、评价，这体现了政府审计的综合性。

我国《宪法》《审计法》规定，政府审计对政府及其部门、国有金融机构和企事业单位的财政财务收支进行监督。另外，1997 年我国政府环境审计进入常规审计阶段以来，我国政府环境审计经历了 20 多年的发展，在环境审计人才、审计技术、审计方法、审计制度等方面均取得了不菲的成绩。以财务资金为主线，以资源环境为对象，其审计范围可以深入到生态文明建设的各个方面和环节，这充分体现了政府审计的专业性。

所以，政府审计凭借其专业优势，统筹利用多学科知识对生态文明建设中涉及的政策、项目、资金、领导人员责任等广泛领域开展审计监督，并做出审计评价，及时发现生态文明建设中发生的各种问题，并采取合理化建议、化解和防范风险，以最大限度地维护生态安全。

三、政府审计具有监督的经常性和长效性

依照《宪法》《审计法》赋予政府审计的独立审计监督权，依法对政府机构、企事业单位、社会团体等的财政财务收支、干部离任、资源环境等方面进行审计监督。政府审计监督涉及政治、经济、文化、社会建设等各个领域、各个节点、各个时间范围，贯穿于我国生态文明建设的全过程。2018 年 5 月 23 日，中共中央总书记、国家主席、中央军委主席、中央审计委员会主任习近平在主持召开的中央审计委员会第一次会议上强调“要拓展审计监督广度和深度，消除监督盲区，加大对党中央重大政策措施贯彻落实情况跟踪审计力度，加大对经济社会运行中各类风险隐患揭示力度，加大对重点民生资金和项目审计力度。要创新审计理念，及时揭示和反映经济社会各领域的新情况、新问题、新趋势。”这充分体现了政府审计在生态文明建设过程中审计监督的常态化和长效性特点。

过去的几年，生态文明建设成效显著。不仅国内生态环境状况得到改善，而且我国已成为全球生态文明建设的重要参与者、贡献者、引领者。但是，我国“生态环境保护任重道远”。四十年的经济粗放式的持续高速增长，带来了很大的资源环境压力，缓解这一压力非短期之功，需要进行持续不断的努力，而且资源节约和生态环境改善无止境，所以生态文明建设非朝夕完成。生态文明漫长的建设过程，只有专职的政府审计，才能在生态文明建设过程中进行经常性、持续性和长效性的监督。

第三节　政府审计服务生态文明建设的使命

使命，即命令、差遣、任务、责任，是指奉命去办事，比喻重大的责任。

政府审计使命，是指政府审计机构或审计人员依照《宪法》《审计法》赋予的权利，开展审计活动，保障国家财政财务资金、政策、战略等国家治理安全的重大责任。

生态文明建设是从保护生态环境开始的。政府六大审计类型之一的环境审计是生态环境保护的重要手段。政府审计通过环境审计服务生态环境保护，继而延伸到服务生态文明建设。可见，政府审计服务生态文明建设的使命是制度的安排。

一、政府审计的生态文明建设监督使命

我国《宪法》《审计法》赋予政府审计对政府及其部门、国有金融机构和企事业单位进行审计监督的使命。

（一）生态文明建设主体层面的监督使命

生态文明建设是一项复杂的系统工程，其建设周期长、进展慢、涉及面广，需要国家政府、企事业单位以及社会公众的全社会共同参与。生态文明建设的参与主体，不管是政府还是企事业单位都是政府审计监督的对象，都必须毫无争议地接受政府审计的监督。所以对生态文明建设进行审计监督，是《宪法》《审计法》赋予政府审计的新使命。

（二）生态文明建设资金层面的监督使命

我国《宪法》《审计法》赋予政府审计对政府及其部门等进行财政预算、财政财务收支审计监督的使命。

生态文明建设是一项浩大的系统工程，其建设周期长、资金投入高。生态文明建设资金，其主要来源有三个方面：一是政府财政生态建设资金投入，二是企事业单位生态建设资金投入，三是社会公众等其他生态建设资金投入。对财政资金、企事业单位的资金使用安全、使用效益进行审计监督、评价，是《宪法》《审计法》赋予政府审计的使命，对生态文明建设资金进行审计，也是《宪法》《审计法》赋予政府审计的使命。

二、政府审计的生态文明建设“免疫系统”使命

国家治理理论赋予政府审计“免疫系统”使命。建设生态文明是国家的千秋大业、战略工程。作为国家“免疫系统”的政府审计，要担当起生态文明建设问题发现、风险揭示的责任，要担当起防御生态文明建设的义务。政府审计要加大党和国家生态文明建设政策措施落实情况跟踪审计力度，加大对人民群众最关心的生态环境问题、生态文明建设风险隐患问题的审计监督力度。围绕推动生态文明建设政策措施落实、促进提高生态文明建设质量和效益开展审计工作，揭示相关政策措施落实过程中的体制机制障碍和制度瓶颈，揭示问题成因，及时反映情况，审慎提出意见建议，并及时督促整改，担当起对生态文明建设的“免疫系统”使命。

第四节　生态文明建设对政府审计的服务诉求

诉求，即陈诉、请求、要求，是指说服受众去做某件事。

生态文明建设对政府审计的诉求，是指生态文明建设主体对政府审计提出的审计要求。

生态文明建设是一项复杂的系统工程，是国家的重大战略选择和千秋大计，容不得半点问题。为保障我国生态文明建设的安全、高效，生态文明建设过程中对政府审计提出了诸多的审计诉求。

一、生态文明建设资金安全性和效益性审计诉求

生态文明建设工程是浩大的系统工程，成本高、周期长、参与主体多。大量的生态文明建设资金是否全部合理使用？是否存在资金挪用、贪污腐败问题？生态文明建设资金的投入产出效益如何？这些问题，只有独立性强、权威高的政府审计才能给出客观公正的评价。政府审计通过开展生态文明建设全过程的资金审计，监督生态文明建设资金合理、规范使用；通过生态文明建设项目绩效审计，评价生态文明建设资金投入产出的效益和效果。可见，生态文明建设资金的政府审计诉求，是保障生态文明建设资金安全、提高生态文明建设资金投入产出效益的必要手段。

二、生态文明建设政策、制度诉求

2020年我国要实现全面小康社会目标。2020年，我国能否实现全面小康，生态文明建设是关键因素。试想，生活在恶化环境的人们能过上小康生活吗？所以，决胜全面小康社会目标的关键历史“窗口期”，我国生态文明建设对我国政府审计提出了生态文明制度遵守、制度适应、制度效益和制度完备性等的审计诉求。

（一）生态文明建设政策、制度的遵守性审计诉求

生态文明建设离不开制度的保障。实践中生态文明建设制度能否遵守，这对政府审计提出了审计诉求。

所谓生态文明建设政策、制度遵守性审计诉求，是指利用政府审计的权威性和监督、评价职能，监督被审计对象的经济活动或者其他活动遵守相应的生态或环境保护法规制度，评价其符合生态文明建设制度要求的程度，并做出客观公正评价的诉求行为。

制度的关键是落实执行，否则制度只是空谈，失去其应用的规范作用。市场主体作为营利性组织，往往追求经济价值最大化，忽视社会生态责任，不遵守或不严格遵守生态文明建设制度，这就需要诉求政府审计从建设资金、政策、审批权利等方面，审查生态文明建设制度的遵守情况和遵守程度，揭示制度可能存在的纰漏，

并提出合理化建议，以推进相关各方遵守生态文明建设制度。

（二）生态文明建设政策、制度的适应性审计诉求

生态文明建设政策制度的适应性是政策制度有效执行的前提条件。如何评价政策制度的适应性？谁去评价政策制度的适应性程度？以上问题政府审计可以交出完满的答卷。

生态文明建设政策、制度的适应性审计诉求，指的是通过政府审计，评价被审计主体执行生态文明建设政策是否与生态环境自身特性相适应，是否有利于生态环境的持续改善。[170] 我国幅员辽阔，区域生态环境差异大，生态文明建设政策制度往往具有宏观性，这就要求政策执行者和制定者，在政策执行过程中，要因地制宜，以自然生态为本，选择与区域生态环境自身特性相适应的政策，以实现区域生态文明建设的持续改善；对于政策制定者，在广泛社会调研基础上，充分考虑区域自然生态实际，努力寻求和探索适应中国特色社会主义的生态文明建设制度。政府审计可以通过对正在执行的生态文明建设制度开展跟踪审计，对制度进行适应性和效果性评价。

（三）生态文明建设政策、制度的效益性审计诉求

生态文明建设政策、制度的效益性是政策、制度持续执行的必要条件和价值所在。生态文明建设政策、制度的效益性评价对政府审计提出了审计诉求。

生态文明建设政策、制度的效益性审计诉求，就是指政府审计通过对被审计对象执行生态文明建设政策、制度后的资源节约、生态环境改善等进行审查，以评价政策制度执行的经济性和效益性。

具有经济性、效益性的生态文明建设政策、制度，是环境治理有效、生态持续向好的根本所在。生态文明建设政策、制度的效益性审计诉求，原因有两方面：

（1）新制度需要政府审计评价其有效性。虽然新的政策、制度都是在地方试点经验的基础上出台的，但是不同区域自然生态千差万别、同一区域不同时间的自然生态也会有很大的差异，这些差异性可能影响新政策制度的实际执行效果，所以，有必要通过政府审计，对其经济性和效益性进行评价。

（2）旧政策制度需要政府审计检验评价其效益的持续性。随着政策制度的执行以及社会经济和自然生态的变化，原有的生态文明建设政策制度会发生很大的改变，如何保障原有政策的高效性，这对政府审计也提出了审计的诉求。生态文明建设需要衡量成本和收益，不能以高额的成本来换取某细致末节的生态收益。因此，需要政府审计运用一定的经济价值评价方法，探讨生态文明建设政策制度的价值性和效益性，并提出审计意见和建议，以保障生态文明建设政策制度的高效性。

（四）生态文明建设政策、制度完备性审计诉求

生态文明建设政策、制度完备性审计诉求，就是通过政府审计活动，检查评价生态文明建设制度是否健全，发现和揭示生态文明建设制度的漏洞和政策制度风险，

并提出合理化建议。

推进生态文明建设离不开制度的保障。我国生态文明建设起步比较晚，关于生态文明建设的政策、制度体系还不够完善。这需要政府审计检查生态文明建设政策制度的完备性，发现政策、制度执行的风险或潜在风险性，并提出完善生态文明建设政策、制度的建议，促进我国建立健全生态文明建设政策、制度体系，以推进我国生态文明建设高质、高效、大步前进。

三、生态文明建设安全防御诉求

生态文明建设是功在当代、利在千秋的事业，是一项复杂的工程。在生态文明建设过程中，会出现各种各样的问题、风险。为保障生态文明建设安全，对政府审计提出了生态文明建设安全免疫的审计诉求。作为国家“免疫系统”的政府审计，通过开展综合性和专项生态文明建设项目审计，对生态文明建设的安全性做出客观公正的评价，揭示生态文明建设过程中存在的问题和潜在风险，发布权威性政府审计报告，提出生态文明建设问题或风险的防御措施，保障生态文明建设的安全、高效。

第六章 政府审计服务生态文明建设的角色、作用机制与着力点

第一节 政府审计服务生态文明建设的角色定位

一、生态文明建设中关键责任人的角色分析

我国生态文明建设，离不开三个关键责任主体：政府、政府审计和社会组织及公众。

(一) 政府——生态文明建设“引导人”

引导人是指通过某种手段或方法带动某事物向既定目标发展的自然人或组织。与其他相关主体相比，引导人具有先导性和主动性两个鲜明的特点。

1. 先导性

引导人的先导性既包括知识技能的先导性，也包括思想观念的超前性。

党的十六大报告提出：“全面建设小康社会的目标——生态环境得到改善，资源利用效率显著提高，促进人与自然的和谐，推动整个社会走上生产发展、生活富裕、生态良好的文明发展道路。”

党的十七大报告把生态文明作为与物质文明、精神文明、政治文明并列的第四文明。

党的十八大报告提出：“建设生态文明，是关系人民福祉、关乎民族未来的长远大计。”

党的十九大报告中提出：“坚持人与自然和谐共生。建设生态文明是中华民族永续发展的千年大计。”

以上关于生态文明建设的论述，无不体现了党和政府对生态文明认识的超前性和行动的先导性。

2. 主动性

引导人的主动性即引导人具备在没有外力推动的情况下，能够积极地按照自己规定或设置的目标行动的行为品质，具体体现为引导人面对障碍或困难的坚持、机会的把握、事先准备面对一个尚未发生的特殊机会及问题等行为的品质。

实践中，我国生态文明建设已上升为国家战略，这充分体现了我国政府在生态文明建设中的“先导性”特点。

现实生活中，我国政府自觉把握和运用自然生态及其管理规律，运用行政、法律、经济、科学、技术、教育和培训等手段，通过产业政策、资源配置、生态法制等措施引导企业等社会组织及社会公众尊重自然、顺应自然、保护自然，主动走社会经济发展和生态环境保护的和谐道路，这是我国生态文明建设过程中政府“引导人”主动性的具体体现。

我国政府从国家战略的高度，全方位引导社会公众践行生态文明，是政府生态文明建设“引导人”角色的具体体现。

（二）政府审计——生态文明建设的“监督＋评价＋免疫”人

依据我国《宪法》《审计法》赋予政府审计的独立监督权，政府审计依法对生态文明建设实施全过程、全领域的审计监督，是法律赋予政府审计的神圣职责。

政府审计依法对生态文明建设过程及其资料进行审查，并依据审计准则等政府审计标准对所查明的事实进行分析和评定，肯定成绩，指出问题，总结经验，寻求改善管理、提高效率、效益的途径，这是政府审计评价职能的体现。

国家治理理论下，政府审计是国家治理的“免疫系统”。审计免疫系统理论强调政府审计对生态文明建设的预防和修复功能，揭露和抵制生态文明建设过程中出现的问题，提出建设性意见，体现了政府审计“免疫人”角色。

（三）社会组织及公众——生态文明建设的“践行人”

生态文明建设是一个漫长的过程，需要全社会的参与。社会组织及公众作为生态活动的能动主体，要自觉加入生态文明建设，自觉践行生态文明行为，为我国生态文明建设贡献自己的力量，所以社会组织及公众都是生态文明建设的“践行人”。

二、生态文明建设中政府审计的角色定位与作用分析

（一）生态文明建设中政府审计“监督人”及其作用

1. 生态文明建设中政府审计“监督人”的定位

监督，是指对现场或某一特定环节、过程进行监视、督促和管理，使其结果能

达到预定目标的活动。“监督人”是监督活动的行使主体。监督人行使检查、督促活动的必要条件是拥有独立监督权。

我国《审计法》第一章第五条规定:“审计机关依照法律规定独立行使审计监督权，不受其他行政机关、社会团体和个人的干涉。”这赋予了我国政府审计独立的审计监督权。政府审计对生态文明建设行使监督权是法律赋予的神圣职责，而政府审计作为生态文明建设的“监督人”，是对其在生态文明建设中地位和作用的释诠。

政府审计是国家行政组织，受托于社会公众而行使职权，其履职的过程也是践行生态文明建设战略的过程。政府审计通过对生态文明建设资金以及生态效益审计来统领全局，通过对生态功能区生态绩效评价指标体系的科学设计，通过垂直审计系统对指标层层分解，对各级地方政府和功能区以及辖区内的企业、其他组织进行指导，使生态文明建设落实到微观层面。由此，形成一个上下协同的评价体系。[171]政府审计通过对生态价值补偿、转移支付等与生态文明建设有关的生态资金审计、跨区的大型生态项目审计来监督生态文明建设资金的高效使用，提高生态文明建设资金的使用效率和效益。

2. 生态文明建设中政府审计“监督人”的作用分析

政府审计作为生态文明建设过程的“监督人”，要依法对生态文明建设过程进行事前、事中和事后全方位的跟踪监督。

（1）事前监督。作为国家的免疫系统，政府审计机关运用生态文明理念，从宏观视角把环境损害、资源浪费以及社会文明等生态文明建设内容指标化，纳入社会文明评价体系，并运用生态文明目标体系、考核办法、激励与惩罚机制对财政预算、决策、政府战略决策、公共政策决策等进行跟踪审计，充分发挥政府审计的生态免疫系统和生态预警功能，实现政府审计对生态文明建设的事前监督。

（2）事中监督。运用生态理念，政府审计通过对生态预算执行、生态战略和公共决策实施、生态环境、资源消耗、资源环境项目运营、生态资金使用、公众生态行为等进行全方位的跟踪监督，分析发现并揭露生态文明建设中存在的问题和制度性、体制性的缺陷，通过审计建议督促建立完善的生态文明建设长效机制，保障生态文明建设过程按既定规划进行，以保障实现预期的生态文明建设目标。

（3）事后监督。对生态文明建设成果从经济效益、社会效益、生态效益视角进行事后的生态文明建设效益审计、相关责任主体的经济责任审计，评价资源开发利用、经济增长、生态环境、资源配置、生态建设项目运营、资源利用效率和效益等方面的合规性、合理性和有效性审计，分析揭示其生态问题，督促社会生态文明建设的各主体改正错误、保障生态建设在既定轨道运行。

总之，政府审计作为国家的免疫和预警系统，在政府生态文明“引路人”的指引下，对生态文明建设的事前、事中和事后进行全方位、全过程的监督，做名副其实的生态文明建设“监督人”。

（二）生态文明建设中政府审计“评价人”及其作用

1. 生态文明建设中政府审计“评价人”的定位

生态文明建设的实施过程中，政府审计一是对政府生态建设资金进行审计，对其生态资金运动存在的风险进行评估与应对；二是对生态建设项目的实施、利用、运转等情况进行鉴定评价，对未来生态文明建设的发展和市场化推进以及新的发展机遇等情况进行前瞻性的合规、合法、合理性的审计评价。政府审计对生态文明建设评价功能的发挥，明确界定了政府审计“评价人”的地位。

2. 生态文明建设中政府审计“评价人”的作用

一是生态建设资金效益评价。政府审计利用其独立性、权威性和专业性，对生态文明建设资金进行安全监督的同时，开展生态文明建设资金使用绩效评价，保证生态建设资金的合规性、合法性和高投入高产出的效益性。

二是生态建设项目安全性评价。推进生态建设项目的目的是改善生态环境质量。那么，项目建设的结果是否能实现生态环境质量改善的目标？对此，政府审计依据法律赋予的审计监督、评价权力，对生态建设项目开展事前建设方案评价，事中建设过程评价和事后效果跟踪评价，以保障生态建设项目安全，实现生态建设项目持续改善生态环境质量的目标。

（三）生态文明建设中政府审计“免疫人”及其作用

1. 生态文明建设中政府审计“免疫人”的定位

政府审计依据其超然的审计监督权，对各级政府、各类功能区等涵盖的生态文明建设开展相关的生态资金、生态合规性和生态绩效审计：从计划、预算、决策、实施到完成，均可以通过审计直接介入进行事前控制、事中过程控制及事后监督，为生态战略的实施提供生态风险预防、控制和追踪反馈，及时纠错，制止偏误，使运营活动始终在生态文明建设方案预设的轨道中进行。

总之，政府审计是经济发展保障体系的重要组成部分，也是生态文明建设的保障，从发展层面而言，政府审计促进生态文明建设是充分发挥审计“免疫系统”功能的必然要求；从现实层面而言，政府审计促进生态文明建设是政府治理的现实需要，这充分体现了政府审计在生态文明建设过程中的“免疫人”角色定位。

2. 生态文明建设中政府审计“免疫人”的作用

（1）风险预防“免疫”。政府审计具有专业性强的优势，对生态资金投资、生态建设项目等，从方案、计划、预算到过程进行跟踪审计，揭示其可能存在的问题或纰漏，提出合理化建议、措施，防范可能出现的风险或化解已经产生的风险，使生态文明建设运营活动始终在生态文明建设方案预设的轨道中进行。

（2）追踪反馈“免疫”。对已经完成的生态文明投资项目或建设项目，开展跟踪审计，对项目效果进行追踪反馈，通过政府审计报告予以公告，对于好的经验进行推广应用，对于存在的问题予以揭示，以警示后续生态建设项目，对破坏生态环境质量的活动进行公告处罚。通过政府审计的追踪反馈“免疫”，保障生态文明建设持续健康发展。

第二节 政府审计服务生态文明建设的作用机制

生态文明建设作为一项复杂的系统工程，涉及政治、经济、文化、社会、自然环境等多个方面和广泛的领域，具有投资大、建设周期漫长、成效低等特点，需要在政府领导下，社会全员参与。生态文明建设承载着人与自然和谐共生的理想，承载着实现中华民族伟大复兴中国梦的任务，承载着建设美丽中国的目标。但是，生态文明属于公共物品，具有公共物品属性，社会公众自发履行生态文明建设的责任比较困难，需要政府部门主导、财政投入、制度保障、全员参与。政府审计作为国家的监督部门和“免疫系统”，具有保障资金安全、监督政策执行、评价建设绩效、揭示、预防和抵御风险的功能。所以，政府审计服务生态文明建设的作用机理是监督与评价、揭示、预警、威慑、抵御（见图 6-1），促进生态文明建设落实到位。

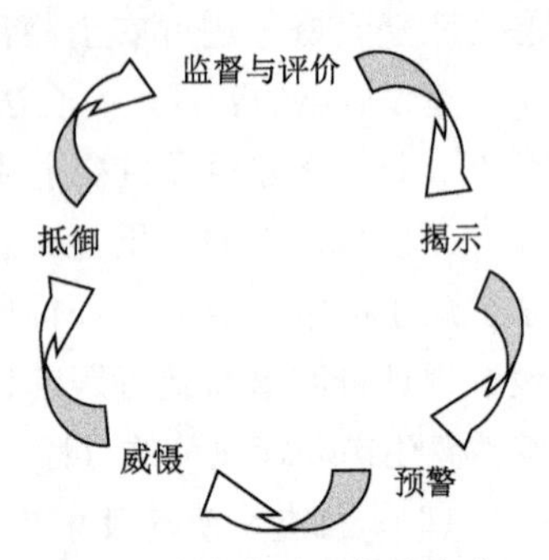

图6-1　政府审计服务生态文明建设的作用机制

一、监督与评价作用机制

审计监督与评价机制是指政府审计依法对被审计单位的各项活动进行监督和评价。在我国，审计监督、评价制度已通过法律、法规的形式规定下来。我国《宪法》《审计法》以及有关审计监督方面的法规、规章对政府审计监督的基本制度和各项具体制度都做了明确规定。

生态文明建设涉及国土、资源、财政、环保等部门，是系列资源的整合与协调配置。政府审计围绕生态文明建设中的重点部门、重大工程、重大资金、依法开展专项审计、跟踪审计、持续审计等事前、事中、事后监督控制，进行监督生态建设资金安全、监督生态文明建设制度的执行落实，评价生态文明建设政策制度的适应性和效果性，督促相关单位或个人遵纪守法，履行受托责任，提高生态文明建设的经济效益、社会效益，加强宏观调控和管理，维护市场经济秩序，以确保生态文明建设得以健康持续发展。政府审计对生态文明建设的监督与评价作用机制如图 6-2所示。

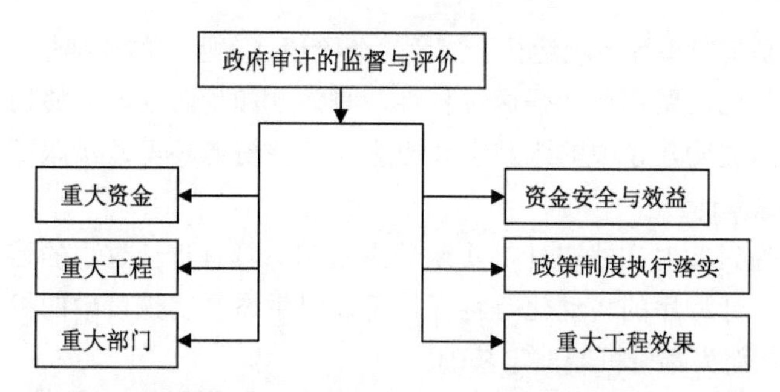

图6-2　政府审计服务生态文明建设的监督与评价作用机制

二、揭示作用机制

运用政府审计独有的检查权、调查取证权和结果公布权，政府审计人员在对生态文明建设进行审计的过程中，发现和报告生态文明建设的问题和潜在风险，揭示生态文明建设中的违法违规行为、玩忽职守、随意污染、随意浪费、政策执行上有政策下有对策等问题，并提出合理化改进建议。政府审计对生态文明建设的揭示作用机制如图 6-3 所示。

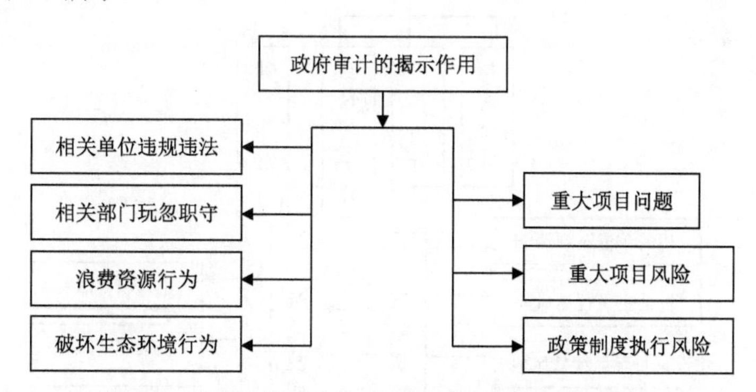

图6-3　政府审计服务生态文明建设的揭示作用机制

三、预警作用机制

预警机制是指能灵敏、准确地昭示风险前兆，并能及时提供警示的机构、制度、网络、举措等构成的预警系统，其作用在于超前反馈、及时布置、防风险于未然。

政府审计作为经济社会的“免疫系统”，通过对生态文明建设的事前、事中和事后监督评价，能够及时识别、揭示生态文明建设面临的各种问题和风险，及时准确地发现生态文明建设风险的苗头性问题，及时切断风险源，进行生态文明建设的预警处理。

一般来说，审计方式决定预警机制。能较好地实现预警作用的审计方式有三种：跟踪审计、持续审计和专项审计。

跟踪审计是指对审计事项运行全过程、分阶段、有重点的持续性、过程性审计。与非跟踪审计相比，跟踪审计强调过程性、时效性和预防性，能够切实提高审计效率和效果。生态文明建设中的跟踪审计应重点关注资源环境政策跟踪审计、重大环境治理项目跟踪审计。

持续审计通过实时在线审计，实现动态跟踪，具有审计过程的连续性、审计信息的及时性和审计程序的自动化等特征，可以对生态文明建设中的机会主义行为进行及时跟踪，从而为预警机制奠定基础。

专项审计是开展资源环境绩效审计的重要方式，针对生态文明建设中屡审屡犯的问题，政府审计机关可以通过开展跨部门、跨行业的专项审计调查，提出体制性和机制性建议。政府审计对生态文明建设的预警作用机制如图 6-4 所示。

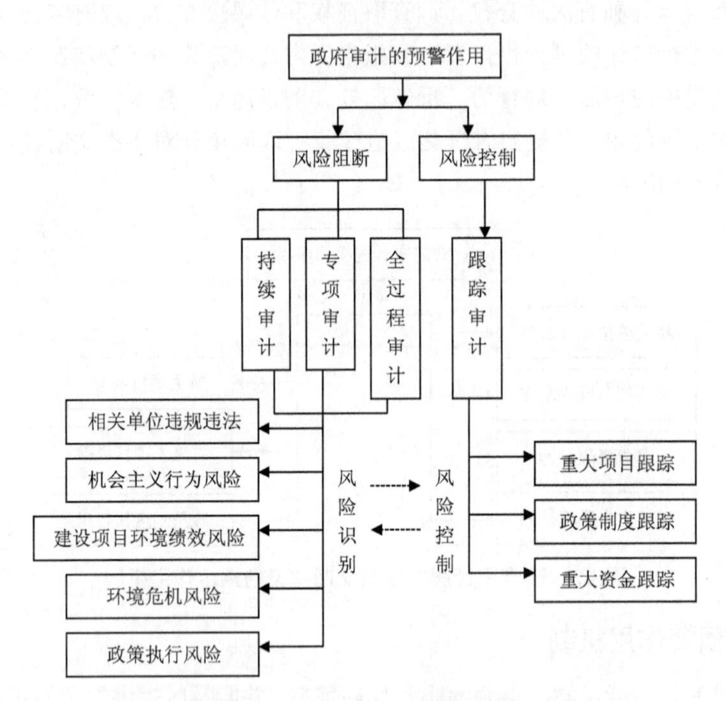

图6-4 政府审计服务生态文明建设的预警作用机制

四、威慑作用机制

威慑源于敬畏和威信。我国《审计法》赋予政府审计机关账户查询权、违规行为制止权、违规资料资产的封存权、处理处罚权、暂停拨付使用权、建议纠正权、提请协助权等。政府审计作为政府治理的重要工具，依据《审计法》赋予的独有的监督、评价、鉴定等权力，代表政府对被审计单位进行审计监督。该类审计监督是一种高层次的监督，具有公认的权威性。因此，政府审计具有查处一个、震慑一片、

“免疫”一方的威慑作用。依据我国《审计法》及其实施条例规定，政府审计机关具有行政执法权，在生态文明建设过程中，政府审计有权对被审单位在生态文明建设中的违法、违规行为直接做出处理处罚决定，有权建议相关主管部门、监察部门给予被审计单位处理、处罚，或者对直接相关责任人进行处分。相关部门应将处理处罚决定、建议执行结果书面通知政府审计机关。以上规定提高了政府审计的威慑性，强化了政府审计的威慑机制。这对提升生态文明建设的源头保护制度、损害赔偿制度、责任追究制度等制度的执行力，降低生态文明建设中的寻租动机具有重要作用。政府审计对生态文明建设的威慑作用机制如图 6-5 所示。

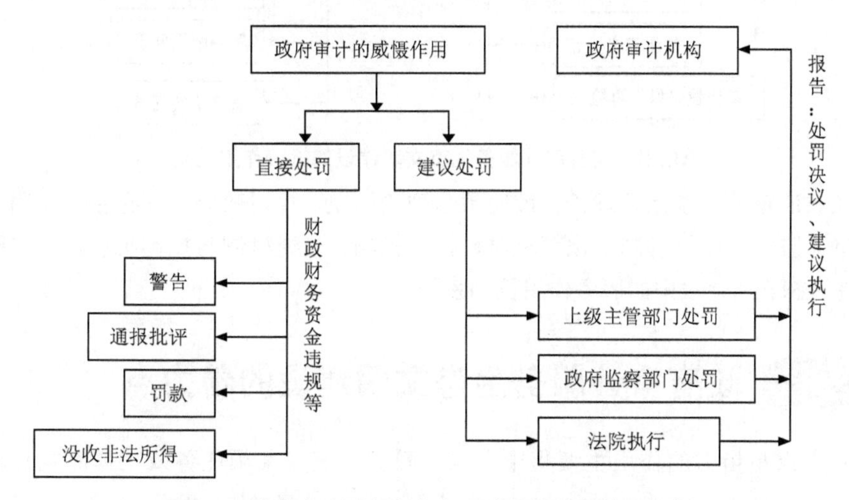

图6-5　政府审计服务生态文明建设的威慑作用机制

五、抵御作用机制

生态文明建设审计过程中，政府审计人员在对被审计对象实施审计时发现的问题，应分析其产生的原因、结合生态环境治理制度提出针对性建议，以防止同类问题的再度发生，完善治理机制，增加其抵御生态环境恶化的能力，最终实现政府的善治。[172]审计抵御机制的核心内容是审计建议及其实施，具体包括：一是以恰当的方式提出高质量的审计建议；二是审计建议的实现，即审计委托单位、被审计单位和审计方三方联动以采纳和实施审计建议；三是后续审计制度，即审计建议提出之后，审计方对被审计单位实际建议实施情况的再检查验证。审计建议、三方联动实施审计建议以及后续审计三方面密切相关，是政府审计抵御机制实施的关键。十八届三中全会提出，要建立系统完善的生态文明制度体系，用制度保护生态环境。目前，生态文明建设的相关制度体系不完善，这更需要政府审计通过开展生态文明建设过程审计，提供制度建设和相关改革需要的信息，避免制度建设中的“信息孤岛”问题。[173]而且，生态文明建设新制度的建设和完善，可以为生态文明审计的开展提供有力的政策依据。政府审计对生态文明建设的抵御作用机制如图 6-6 所示。

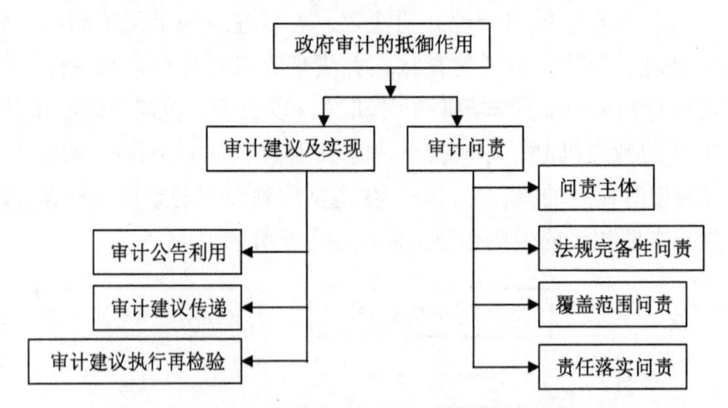

图6-6　政府审计服务生态文明建设的抵御作用机制

从政府审计免疫系统理论、政府治理理论出发，探讨政府审计在生态文明建设中的审计监督与评价机制、预警机制、揭示机制、威慑机制与抵御机制，构建政府审计在生态文明建设中的服务作用机制系统。

第三节　政府审计服务生态文明建设的着力点

着力点是指力的作用主要集中之点，致力于完成某项任务或工作时重点着手之处。

政府审计服务生态文明建设的着力点是指政府审计机构或审计人员开展生态文明建设审计时的重点着手之处。从审计实践来看，政府审计服务生态文明建设主要有以下着力点：

（一）加快生态文明审计文化建设，提升服务生态文明建设的审计意识

文化具有凝聚、激励和传播作用，政府审计通过审计文化建设，把生态理念融入审计文化，坚持用审计文化理念凝聚力量，用审计文化力量鼓舞士气，通过打造服务生态文明建设的审计文化品牌，加速服务生态文明建设的审计文化的传播，借以提升审计生态文明意识，有力地推进服务生态文明建设的审计工作有序开展。

（二）开展生态政策执行审计，提升生态政策执行审计的有效性

在生态文明理念指导下，政府审计对有关生态文明建设的政策有效性进行审计。结合实际，审查生态文明建设制度是否遵循国家关于节约资源和合理开发利用资源的规定，是否按照国家环保规定进行生态保护和污染治理等。对于有效的生态政策，政府审计要积极开展生态政策的执行力度和有效性审计，通过对水资源、大气、土

壤等进行审计检查，揭示符合环保标准的大气、水、土壤等实际达标情况；对重要环境资源的开发和利用情况进行审计，揭示是否存在浪费资源、破坏资源等损害生态平衡的行为，审查是否存在违法买卖环境资源的行为；开展环境资源交易市场审计，揭示是否存在违反资源市场管理的行为；对国家鼓励的生产绿色、无污染以及使用环保设备的优惠政策执行情况进行审计，分析优惠政策是否落实、是否对企业的环保行为有引导作用；对生态功能区建设情况进行审计，分析生态保护以及治理政策是否切实执行，揭示是否存在生态保护不规范行为。

总之，通过开展对生态文明政策制度有效性审计，可以促进生态环境资源市场健康、良性的发展。

（三）开展生态财政资金审计，提升财政资金审计的广度和深度

财政资金审计是政府审计的核心内容之一。用生态理论指导政府财政资金审计，把财政预算执行、财政投资等财政资金审计由传统的资金使用审计转移到税收、预算、投资等政策与生态文明建设的协调性、衔接性和有效性方面，重点放在财政资金的投放和使用是否符合区域生态文明建设，各项财政、税收政策在促进生态文明建设过程中的杠杆作用等方面。

（四）开展政府生态绩效审计，拓展政府生态绩效审计宽度

传统的政府生态绩效审计主要是对财政资金投放、领导决策所产生的经济效益进行评价，使得环境问题被严重忽视。用生态文明理念引导政府生态绩效审计，把生态绩效审计的重点从经济效益转到生态效益、社会效益的综合效益上来，不断拓展政府生态绩效审计的宽度。目前，我国主要从以下几个方面开展生态绩效审计：

（1）对环境政策的有效性、约束性进行审查，揭示环境政策对环境保护、资源节约方面发挥的作用以及存在的问题。

（2）对法律法规的执行效果进行审查，揭示法律法规执行部门对于违规行为采取惩罚、惩治措施的情况，分析其是否切实执行环境资源保护的法律法规。

（3）对生态建设专项资金的使用效率和效果等进行审查。

（4）对环境建设项目的投入和产出情况进行审查，评价并揭示建设成本以及建成项目运行之后所能带来的环境效益。

就服务生态文明建设的审计来看，主要集中在对生态建设专项资金的使用效率和效果等进行审查以及法律法规的执行效果进行审计，对于违背生态文明建设的违规行为采取惩罚、惩治措施。

（五）从生态经济效益角度推进经济责任审计生态化发展

把生态文明纳入领导干部经济责任审计范畴，明确领导干部生态责任的内容和生态责任审计的程序、方法和标准，实行领导干部生态文明建设披露和问责制度，不断推进经济责任审计的生态化发展。

（六）从生态文明建设角度推动领导干部自然资源资产离任审计生态化发展

把区域生态文明建设与财政财务管理、资产管理、勤政廉政，职责履行、国有资产保值增值、国家重要经济政策贯彻执行等情况一起作为离任审计的重点内容之一，把任期内自然资源资产、生态环境问题以及所辖责任区生态文明建设情况作为干部离任审计的重点，推行区域生态终身问责追究制，不断推进自然资源资产离任审计的纵深发展。

（七）用生态文明理念指导服务生态文明建设审计，提升审计的力度和强度

服务生态文明建设审计是关于资源合理有效利用、生态建设与环境保护方面的审计。用生态文明理念指导环境资源保护与开发利用、生态环境保护、生态治理工程和环境污染防治审计。以生态文明理念为指导，组织开展节能减排专项资金合理分配、有效使用以及相关政策法规执行审计，开展落后产能淘汰审计。

在生态文明理念指导下，通过服务生态文明建设审计，揭露和查处我国资源环境开发和利用中存在的破坏生态文明建设的现存问题和潜在问题，不断提升政府审计服务的力度和强度。

总之，在生态文明理念指导下，政府审计主要应该从提升生态文明审计意识，开展生态政策执行审计、生态财政资金审计、政府生态绩效审计、推进经济责任审计和离任审计生态化发展、提升政府审计服务生态文明建设的力度和强度等方面深入探讨政府审计服务生态文明建设的最佳切入点和着力点。

第七章 政府审计服务生态文明建设的目标、思路与路径

第一节 政府审计服务生态文明建设的目标

一、政府审计目标的含义与特点

（一）审计目标的含义

目标的原意是指射击、攻击或寻求的对象，也指想要达到的境地或标准。

现代意义上，目标是指对活动预期结果的主观设想，是在头脑中形成的一种主观意识形态，也是活动的预期目的。

目标能够给活动指明方向，具有维系组织各个方面关系，构成系统组织方向核心的作用。

审计目标是审计机构和审计人员开展审计活动时意欲达到的理想境地或状态，是审计工作的出发点和落脚点。它指明了开展审计活动的方向，是开展审计活动的指明灯。

（二）审计目标的特点

在分析人的活动与目标关系时，马克思指出“这个目标是他所知道的，是作为规律决定着他的活动方式和方法的，他必须使他的意志服从这个目标。”[174]

审计目标是审计机构和审计人员知道的，审计目标决定了审计活动的方式、方法，审计实践中，审计机构和审计人员的意志必须服从审计目标。由此可见，审计目标决定审计实践活动的方向，制约和影响审计工作的各个方面，控制着审计活动的各个环节和过程，是整个审计工作的核心，是审计工作的内在规定性。由以上分析可以得出审计目标具有以下几个特点：

1. 目标的系统性

审计作为经济监督系统和治理“免疫系统”，其目标会按照一定的逻辑结构和严密逻辑关系，综合考虑被审计对象的本质、特点以及所处的社会环境，形成由低到高的当前的初级目标和远期的终极目标。可见，审计目标具有一定的系统性。

2. 目标的稳定性和动态性

审计目标是社会政治、经济、文化、环境等需求的客观反映，与审计活动环境紧密关联。

生产力水平和审计活动的社会大环境是相对稳定的，这决定了审计目标的历史稳定性。

经过一定时期的发展，生产力水平会发展到更高的层次。生产力的发展，推动社会的进步，导致社会大环境的改变。审计作为社会大环境中的一种制度安排和监督、免疫活动，其目标必然会随着生产力的提高和社会大环境的变化而变化，这反映了审计目标的动态性。

所以，审计目标的稳定性是相对的，它是稳定和动态变化的矛盾统一体。

3. 目标的多层次性

审计活动涉及的领域比较广泛，审计内容比较复杂，这给审计目标的定位带来了困难。所以，实践中，往往先确定近期审计活动的目标，在总体考虑社会经济发展和审计工作重点的基础上，确定远期的审计目标。由此可见，审计目标具有多层次性。

审计目标可以按不同标准进行分类：

（1）按审计目标的详细程度，分为总体目标和具体目标。总体目标是综合考虑社会经济环境和国家重大战略的前提下，依据审计内容和审计活动共性和审计发展趋势制定的概括性的目标。具体目标是实施具体审计活动的目标，是审计总体目标的具体化。

（2）按审计目标难易程度，把目标分为初级目标和终极目标。初级目标是低级的、近期可以实现的目标；终极目标是初级目标的发展，是综合考虑社会、政治、经济、文化等大社会环境和生产力水平情况下确定的最高的审计目标。

二、政府审计服务生态文明建设的审计服务目标

（一）审计服务目标

政府审计服务生态文明建设的审计目标，是政府审计服务我国生态文明建设的出发点和归宿。

随着国家治理理念的转变，政府审计作为国家的“免疫系统”，其审计内容和审计服务重点不断变迁。在“千年大计”生态文明建设过程中，政府审计把服务生态文明建设作为国家治理的重要组成部分，发挥着预防、揭示和抵御的“免疫系统”功能。基于生态文明建设的国家战略地位，政府审计服务生态文明建设的审计目标划分为两个层次：初级目标和终极目标。

1. 初级目标

初级目标是指政府审计服务生态文明建设当前的目标。初级目标建立在对国家生态文明建设状况充分调研和正确认识生态文明建设长期性的基础上，依据政府审计的本质和功能，政府审计服务生态文明建设的基础目标为：加强生态文明建设资金审计，促进规范生态文明建设资金使用管理，提高建设资金使用效益；加强生态文明建设政策制度审计，促进生态文明建设政策制度的安全、高效贯彻落实，揭示生态文明建设风险隐患，推进解决生态文明建设重大问题，促进生态文明建设持续健康发展。

2. 终极目标

终极目标是指政府审计服务生态文明建设的最终目标，也是最高目标。作为国家“免疫系统”的政府审计，担负国家治理安全的制度使命。生态文明建设是国家治理的重要组成部分，是政府审计“免疫系统”功能作用的重要对象。所以，政府审计服务生态文明建设的终极目标是:服务国家治理，维护国家生态安全，确保经济、社会和生态协调平衡发展，推进生态文明建设持续向好，最终促进实现美丽中国的伟大梦想。

（二）审计服务目标的特点

1. 周密性和系统性

政府审计服务生态文明建设的目标是在国家治理理论指导下，综合考虑生态文明建设过程，政府审计服务领域、服务能力等多个方面的因素前提下，界定了政府审计服务生态文明建设当前的初级目标和远期的终极目标。这充分体现了政府审计服务生态文明建设目标的周密性和系统性。

2. 层次性

政府审计服务生态文明建设的目标分为初级目标和终极目标，体现审计服务目标由低级到高级的递增性，体现了审计服务目标的层次性。

3. 短期和长期目标的结合性

综合考虑目前生态文明建设阶段情况和政府审计服务内容、服务能力和实现的难易程度，确定了政府审计服务生态文明建设的初级目标。初级目标会随着生态文明建设进程和政府审计参与生态文明建设工作的深入而改变，体现了目标的短期性和动态性。依据国家治理要求、生态安全要求和生态文明建设本质和目标，确定了政府审计服务生态文明建设的最终目标。终极目标体现了政府审计服务生态文明建设的长期性，体现了政府审计服务生态文明建设的广度和深度。

第二节 政府审计服务生态文明建设的思路

一、思想与思路的重要性

思路，就是思考的条理脉络。思路是受思想支配的，思想是思路的源头。

时下，不少人在谈到促进经济社会发展问题时常说这样一句话："思想决定思路，思路决定出路，创新发展思路。"法国哲学家安托·法勒尔·多里维说："人类是一种使思想开花结果的植物，犹如玫瑰树上绽放玫瑰，苹果树上结满苹果。"提高思想水平，才能创新发展思路，思想受时代的影响，但又不完全局限于时代。思想是无形的，但思想在现实生活中无处不在。放飞思想，将使我们的思路更符合时代发展的要求，使人们的思路更开阔。

谢满云的《思路决定出路》一书中提出："蜜蜂不是落在鲜花上的唯一昆虫，但它却是唯一采到蜜的昆虫。同样，不同的人做同一件事，结果也会有好有坏。不论是工作，还是生活，只要多动动脑筋，多想想方案，整理思路，然后选择最好的，并争取达到最佳效果。"[175]所以，做好任何事情首先要在思想上寻找突破，以新思想，新思维去面对不断发展的事物本身，拓展解决问题的思路，以寻求正确的问题解决方向。所以，思想决定思路，思路决定出路，出路决定成败。

二、政府审计服务生态文明建设的审计思路

政府审计服务生态文明建设的思路，就是指政府审计机构和审计人员依据服务生态文明建设的目标定位，综合考虑生态文明建设的本质和特点基础上，确定的政府审计服务生态文明建设的思绪脉络。

政府审计服务生态文明建设的成效如何，关键在于政府审计机构和审计人员对生态文明建设思想水平认识的高度。思想决定思路，提高思想认识水平，不断拓展政府审计服务的新思路，才能更高地服务我国生态文明建设。

政府审计服务生态文明建设的基本思路是：把生态文明建设作为国家治理的重要组成部分，在国家治理理论指导下，以"绿色发展、循环发展和低碳发展"为抓手，以国家有关生态环境保护政策制度贯彻落实、各政府及其他组织生态环境责任履行和政府生态文明建设资金安全性和效益性审计为主线，重点关注生态文明政策执行、生态环保项目优化、生态环保资金管理、生态绩效、生态责任落实、生态指标评价、生态文明制度健全和完善法制等方面，不断深化生态文明建设审计服务内容的深度

和广度，不断优化审计服务方式，发挥政府审计实效。

第三节　政府审计服务生态文明建设的路径

我国幅员比较辽阔，各省份自然地理条件和经济社会发展水平差别比较大，区域主体功能区地位各异，这表现出不同区域生态文明建设的不同特点。依据各省份区域的不同社会经济条件和功能区定位等特点，把生态文明建设划分成五种类型。依据不同生态文明建设类型特点，明确政府审计服务的重点和服务具体路径。

一、经济与生态均衡发展型生态文明建设特点及政府审计服务路径

（一）经济与生态均衡发展型生态文明建设特点

经济与生态均衡发展型生态文明建设类型，主要是指区域内省市人与社会、自然环境协调均衡发展区域的生态文明建设类型。如北京市、广东省等人与自然、社会经济环境均衡发展区域的省市。这些区域经过多年的努力，基本实现了人、社会与自然的均衡发展。这些区域省市生态文明建设的主要特点是：生态文明建设成效比较显著，整体状况发展良好。但局部存在环节质量欠缺和制约性因素，很大程度上影响了生态文明建设水平的提升。所以，该类型的生态文明建设策略是“重点攻关，稳中求发展”。

（二）经济与生态均衡发展型生态文明建设政府审计服务路径

经济与生态相对均衡发展型生态文明建设类型，其建设重点是保持现有生态环境质量向好情况下，重点开展生态环境欠账攻关和影响生态文明建设的制约因素的破解。依据经济与生态均衡发展型生态文明建设类型的特点，政府审计服务的具体路径如下：

1. 加强权力监督，规范环保权力健康运行，促进生态文明建设稳中有升

政府审计机构和审计人员，结合经济与生态绿色均衡发展型生态文明建设类型的特点，把环保权力实施、生态文明建设制度安排和落实，作为政府审计的重点之一，客观评价环保权力运行的规范性和高效性，评价生态文明建设制度安排和落实的规范性、适应性和效益性，把环保资金使用、环保项目审批作为审计切入点，加强审计监督，压缩环保权力自由裁量、运用的空间，推进环保权力规范运行。

2. 揭示生态文明建设的突出矛盾和潜在风险，维护国家生态安全

在“免疫系统”理论指导下，政府审计加强生态文明建设政策、建设项目和建设资金的风险评估审计，揭示生态文明建设过程中存在的问题，关注生态文明建设过程中的突出矛盾，识别和揭示生态文明建设中的潜在风险、隐患，防御和抵制生态恶化问题和趋势。重点开展生态文明建设重大政策和重大生态民生项目的审计工

作，确保生态文明建设稳定向好的基础上，促进生态文明建设质量不断提升。

3. 开展生态文明建设重点攻关项目审计，调整审计服务的重点和力度

开展生态文明建设重点攻关资金、项目和政策专项审计，突出资金安全、高效使用审计、重点生态建设项目跟踪审计、生态攻关政策的适用性和效益性专项审计，确保生态文明建设攻关的适用性、高效益性和环境质量的持续向好性，确保生态文明建设攻关的成效性。

4. 拓展审计思路，创新审计方式方法

由于生态文明建设的复杂性、生态建设重点攻关的困难性，政府审计在开展生态文明建设审计服务过程中，要不断拓展审计服务思路，创新审计服务方式、方法，以应对生态文明建设攻关项目的复杂性，实现审计监督、评价的客观性和公正性，揭示被审计对象风险隐患的隐蔽性，以更好地服务生态文明建设。

5. 建立信息和资源共享机制，优化审计资源配置

建立健全审计服务协商机制，保障审计工作协同、沟通畅通。完善审计信息服务水平和服务能力，构建政府审计信息和资源共享机制，推进审计合作与交叉审计，促进审计信息资源的共享、共用，不断优化审计资源配置，不断提升生态文明建设审计服务水平和服务能力。

二、经济与生态相对均衡发展型生态文明建设特点及政府审计服务路径

（一）经济与生态相对均衡发展型生态文明建设特点

经济与生态相对均衡发展型生态文明建设类型，主要是指区域内省市人、社会经济与自然环境发展相对比较协调均衡区域的生态文明建设类型。如重庆、湖南、湖北、陕西等省市，这些区域，社会经济发展程度中等，自然生态环境状况处于国内中等水平，不论是社会经济发展程度，还是自然经济环境，均表现为不存在特别好的，也不存在特别差的现象。[176] 该类型生态文明建设的主要特点是在生态文明建设的各方面均有一定基础，但均表现一般，生态文明建设要想有大的突破式发展，在整体稳步推进的基础上，找准优势抓特色，最终通过生态文明建设的特色发展带动生态文明建设整体上台阶。所以，这一类型生态文明建设策略是“整体推进，特色发展”。

（二）经济与生态相对均衡发展型生态文明建设政府审计服务路径

经济与生态相对均衡发展型生态文明建设类型，其建设重点是保持整体推进的基础上，抓特色、突出重点，以特色发展带动整体发展水平的提升。依据生态文明建设这一类型的特点，政府审计服务的路径如下：

1. 强化政策措施审计，促进宏观经济和生态文明建设的依法调控

当前，生态文明建设和经济发展进入新常态，我国中央和地方政府相继出台了

一系列政策措施，推动宏观经济转型发展和生态文明建设。政府审计作为国家治理的“免疫系统”，要切实加强政策措施执行审计，促进宏观政策的高质量贯彻落实，防范政策执行风险，推进社会经济和生态文明建设整体提升。

2. 大力推进生态环保资金审计，保障生态环保资金安全、高效益

经济与生态相对均衡发展型生态文明建设类型，由于整体水平不高，往往生态环保建设投入大，资金多。所以，政府审计要管好“钱袋子”，加强生态文明建设资金使用安全监督和使用效益评价，保障生态建设资金安全、高效。由于这一类型的发展策略是抓重点、抓特色，所以政府审计要开展特色项目资金投入专项审计，“把钱用在刀刃上”，防范特色项目腐败，保障特色项目资金安全、高效。

3. 加大特色生态文明建设项目审计，揭示突出矛盾和潜在风险

加大生态文明建设项目，特别是优势、特色项目审计，一是以建设项目资金使用为主线，揭示项目建设过程中存在的突出问题、突出矛盾，评估项目建设风险。二是做好项目跟踪审计，评价项目成果对生态文明建设的持续贡献，合理评估项目成果对生态环境的负面影响，并提出防范建议，保障生态文明建设的特色化发展。

4. 增强审计建议的针对性和宏观性，促进生态文明建设体制机制完善

充分发挥政府审计的监督、评价、揭示、预警和抵御功能，系统研究审计发现的资料、数据，揭示被审计对象存在问题的倾向性、规律性和趋势性，针对性提出合理化的预警或抵御建议，以政府审计“倒逼”生态文明建设体制、机制的完善，促进生态文明建设整体的突破式发展。

三、经济发达与环境欠债矛盾型生态文明建设特点及政府审计服务路径

（一）经济发达与环境欠债矛盾型生态文明建设特点

经济发达与环境欠债矛盾型生态文明建设类型，主要是指区域内省市社会经济比较发达，但生态环境欠账较多区域的生态文明建设类型。如山东、江苏、上海、福建、浙江、天津等省市，这些省市经济发达、社会发展水平高，但是长期的粗放式快速发展，导致环境欠账多、生态环境质量差、生态改善压力大。这些区域省市，经过一段时期新旧动能转换、产业结构优化升级，环境污染、污物排放等问题有一定程度的改观，生态恶化现状出现拐点，开始向好发展。然而，长期工业化发展模式下的“先污染、后治理”的环境管理观念，导致的环境欠债还需要相当长时间的治理与修复过程，所以环境治理和生态文明建设任务比较艰巨。所以，这些区域省市的生态文明建设的特点是：加快实施新旧动能转换和产业结构调整，加快形成高新技术产业和第三产业为主导的绿色产业结构，克服社会经济发展与生态环境欠债的矛盾，减轻生态环境压力，增强生态环境反哺能力，推进生态环境质量的持续改善。这一类型生态

文明建设的策略是“尊重自然、顺应自然、克服冲突、化解矛盾、协调发展。”

（二）经济发达与环境欠债矛盾型生态文明建设政府审计服务路径

1. 顺应生态文明建设的价值取向，推动实现环境公平

从社会宏观经济与生态文明建设政策入手，加大政策执行审计监督。系统研究生态环境公平内涵，探讨环境公平实现机制，通过开展社会经济与生态文明建设的重点领域、重点项目和生态文明建设重点资金审计，保障相关政策的贯彻落实、生态建设资金的安全和高效益，促进环境公平的逐步实现。

2. 普及环保意识，提升生态文明理念

思路决定出路，意识决定行动。解决生态问题，其根本是增强社会公众生态环境意识。只有提升社会公众对生态环境问题认识的高度，才能从根本上扭转牺牲自然资源和生态环境为代价的经济发展模式。

在生态文明建设过程中，政府审计机构和审计人员要树立生态环保理念，树立服务生态文明建设的大局意识。在审计实践中要利用好审计报告和审计公告，利用互联网、新闻媒体等方式建立审计公告等信息共享平台，建立生态环境审计信息披露制度，强化社会公众对生态环境审计的重要性认识，提升社会公众生态危机感。同时，政府审计要构建生态环境政绩考核标准，推动领导干部形成生态环境保护责任和意识。

3. 推进政府审计服务多元化，提升审计服务能力

在生态文明建设过程中，政府审计在开展审计活动时，既要单独开展生态资源环境审计、领导干部离任资源环境审计、政府生态责任审计等专项审计，也要把生态环境、自然资源等相关内容纳入财务收支审计、金融审计、企业审计等其他类型审计活动当中，形成审计服务多元化格局，全方位监督生态文明建设情况、揭示问题，提出合理化建议，保障生态文明建设整体水平的提升。

4. 创新审计思路，拓展审计内容

经济发达与环境欠债矛盾型生态文明建设类型的区域省市，由于长期的生态环境欠债、经济高速发展对资源环境的高需求，导致人、社会经济发展与生态环境等多方面的矛盾和冲突，这增加了政府审计服务的复杂性和难度。在开展审计活动过程中，必然会遇到很多复杂的审计问题，这要求政府审计机构和审计人员，提高审计专业水平，创新审计服务思路，在做好传统的环保资金审计、政策执行审计的前提下，不断拓展审计内容和审计范围，把生态资源空间利用、资源节约、自然生态系统保护等内容纳入政府审计范围，不断拓展政府审计服务空间。

5. 揭示矛盾、识别风险，维护生态安全、提升生态质量

经济发达与环境欠债矛盾型生态文明建设类型的区域省市，社会发展水平高、环境质量比较差，生态文明建设的矛盾和冲突和风险隐患比较多。作为国家“免疫

系统”的政府审计，要通过开展审计活动，揭示生态文明建设过程中存在的显性矛盾和隐性矛盾，识别生态文明建设中的显性风险和潜在风险，提高审计的预见性、及时性。通过跟踪审计等审计手段密切关注生态文明建设进程中的突出矛盾和风险问题，维护生态安全，不断促进生态环境质量的提升。

四、经济欠发达与生态优势型生态文明建设特点及政府审计服务路径

（一）经济欠发达与生态资源环境优势型生态文明建设特点

经济欠发达与生态资源环境优势型生态文明建设类型，主要是指区域内省市社会经济发展水平在国内处于中等或中等以下水平，但生态资源环境具有天然优势或生态文明建设具有一定基础和条件的生态文明建设类型。如四川、吉林、黑龙江、辽宁、江西、安徽、河南等，这些省市经济不够发达、社会发展水平不高，但是生态资源有一定的自然优势或有一定的建设条件或建设基础。该区域省市虽有一定的生态基础，但受经济不发达因素影响比较大。所以，这种类型生态文明建设的特点是：生态文明建设发展缓慢，随着社会经济发展水平的提升，生态文明建设速度和质量会实现双赢。对于这一生态文明建设类型，其建设策略是“绿色发展、生态追赶”。

（二）经济欠发达与生态资源环境优势型生态文明建设政府审计服务路径

1. 加大宏观经济与生态文明建设政策审计，确保战略部署落到实处

经济欠发达与生态资源环境优势型生态文明建设这一类型的省市，经济欠发达导致生态文明建设进程缓慢。当务之急是发展经济，用经济助推生态文明建设进程。所以，政府审计要开展宏观经济政策和生态文明政策的贯彻落实审计，揭示借政策之名搞牺牲资源环境的经济发展战略，做好政策执行偏差与预警，抵制政策执行“明修栈道、暗度陈仓”行为，发现和纠正有令不行、有禁不止，违背宏观经济政策和生态文明建设重大政策措施要求的行为，确保国家生态文明建设战略部署落到实处。

2. 加强权力审计监督，让环保权力运行在阳光下

经济欠发达与生态环境资源优势型生态文明建设类型的省市，生态建设有一定的基础或优势，但社会经济发展相对缓慢。这需要政府审计以资金为主线，开展社会经济发展、生态文明建设相关的审批、核准等管理运行的规范性，环保执法行为的规范性审计。通过审计公告等审计信息披露，增加社会公众环保知情权，减少信息不对称带来的误解、冲突等问题，减少环境侵权等行为发生，让环保权力在阳光下运行，保障社会经济发展不以牺牲生态资源为代价。[177]

3. 揭示生态文明建设中的突出矛盾和风险隐患，保障生态质量持续向好

与经济发达与环境欠债矛盾型生态文明建设类型刚好相反，本类型省市社会经济发展水平欠发达，但生态资源环境优势比较明显。所以，该类型生态文明建设过

程中的矛盾和隐患同样是多而复杂。作为“免疫系统”的政府审计服务在开展审计过程中，要充分发挥审计的预见性作用，揭示生态文明建设进程中存在的矛盾和风险隐患，有力遏制生态环境质量损害倾向，保障生态环境质量持续向好。

4. 构建多元化审计格局，提升政府审计服务能力

由于社会经济发展与生态环境质量的矛盾性，导致生态文明建设进程的复杂性和困难性。所以，政府审计除了开展生态环境审计外，要注意创新审计思路、拓展审计内容，开展经济发展与生态环境融合的综合性审计，构建综合审计、专项审计和跟踪审计相结合的多元化审计格局，开展全方位、全环节、全过程的政府审计服务，保障生态文明建设整体水平稳步提升。

五、经济不发达与生态劣势型生态文明建设特点及政府审计服务路径

（一）经济不发达与生态劣势型生态文明建设特点

经济不发达与生态劣势型生态文明建设类型，主要是指区域内省市社会经济发展程度低，在国内处于较低水平，且生态资源环境处于劣势地位，或者虽具有自然环境优势但因气候等因素的影响，人居生态质量处于劣势地位的生态文明建设类型。如云南、贵州、西藏等，这些省市，经济发展水平比较落后，有些地方甚至还没有解决温饱问题。在生态文明建设方面，生态基础比较差，有些区域虽然有很好的自然资源环境，但气候条件恶劣，人居生态质量差。这一类型的生态文明建设特点是：依据国家区域功能定位，合理利用国家经济和生态建设资金，大力发展生态旅游和生态文化创意产业，实现经济与生态环境质量两手抓，以自然环境资源优势，带动经济与生态环境质量的双发展。该种类型的生态文明建设策略是“自然环境生态式开发、经济与生态同步发展。”

（二）经济不发达与生态劣势型生态文明建设政府审计服务路径

1. 尊重自然，顺应生态文明建设的价值取向，推动实现环境生态式开发

经济不发达与生态劣势型生态文明建设类型的省市，自然环境有很大优势，但经济落后，社会发展程度低，人居生态质量差。所以，生态文明建设当务之急是加快自然环境开发，发展特色生态经济，借以推进生态环境质量的提升。政府审计作为监督部门，应加大环境资源开发审计，通过审计监督防范环境资源开发激进政策，揭示经济、生态建设风险，推进尊重自然、顺应自然的生态式经济模式，助推实现经济与生态的双赢发展。

2. 找准政府生态责任边界，力保政府生态责任落实

政府审计在审计活动过程中，要重点监督生态环境公共政策和制度的制定程序，检查政策、制度实施效果、评价政策、制度的科学性和适应性。评价政府生态环保

责任的执行情况，健全审计信息披露和生态环保责任问责机制，力保政府生态责任的落实。

3. 加大生态建设资金审计力度，保障生态建设资金安全和高效益使用

经济不发达与生态劣势型生态文明建设类型的省市，经济发展水平落后，人民生活比较困难。在国家决胜全面小康社会的关键“窗口期”，国家对这些省市采取政策倾斜，投入较多的脱贫资金、专项资金用于社会经济发展和生态文明建设。政府审计要加大资金审计力度，保证“好钢用在刀刃上”，检查、监督资金的合理、规范使用，评价资金投放的经济和生态效益和效果，揭示资金使用中存在的问题，防范资金使用风险，特别是贪污腐败的滋生，确保提升政策资金的利用率和使用效益。

4. 加大企业生态审计结果追究与处罚力度，助推企业自觉参与生态建设

经济不发达与生态劣势型生态文明建设类型的省市，虽然自然环境在国内处于优势地位，但企业生态环保意识比较淡薄，参与生态文明建设的积极性不高。相反，却屡屡出现生态环保问题。企业生态环保问题之所以屡审屡犯，重要原因是处罚力度不够、审计监督间隔时间长，滋生了企业的侥幸心理，甚至有些执法部门，由鉴于面子工程，对违规企业睁一只眼闭一只眼，助长了企业的士气。对此，政府审计部门要加大审计力度、缩减审计间隔期，加大审计处罚力度、推进审计信息公开披露，把企业“污染”晒在阳光下，迫使企业重视生态环保问题、提升生态环保意识，助推企业自觉参与生态文明建设。

5. 加快领导干部自然资源资产离任审计，确保领导干部生态责任落实

加快推进领导干部自然资源资产离任审计，评价领导干部生态权利的规范使用，揭示领导干部自然生态资源资产浪费和过渡使用行为以及以牺牲自然资源资产为代价的环境经济政绩行为和面子工程，加强领导干部生态责任问责和追究制度，确保领导干部生态责任落实，抵制领导干部“上届生态资源欠账下届还”的不良行为，助推区域生态文明建设稳步推进。

6. 加大重点资金、领域、项目的审计力度，助推生态文明建设特色化发展

政府审计要加大生态文明建设重点资金审计，加大资金使用范围和用途审计，发现并揭示以虚假材料申报骗取生态建设资金现象，保障建设资金安全和规范使用。注重建设资金绩效审计，提高资金的使用效率。加大重点项目建设过程跟踪审计，发现并揭示项目建设出现的问题，防范建设项目高估冒算、扩大建设成本等资金浪费行为，加大项目建设质量和使用效果跟踪审计，保障项目建设质量和运行后的生态经济效果。通过专项审计与综合审计相结合方式，加大资源保护和生态文明建设等重点领域审计，建立健全政府审计结果等信息公开披露制度，提升社会公众生态环保意识，助推生态文明建设特色化发展。

第八章 政府审计服务生态文明建设的现状、问题及成因

第一节 政府审计服务生态文明建设的现状与问题

一、政府审计服务生态文明建设的现状

随着我国生态文明建设国家战略的实施，政府审计服务生态文明建设的广度和深度均有所增加，审计内容不断拓展，审计技术和审计手段不断创新升级。自2010年审计署开始组织实施生态环境相关内容的审计，开展的生态环境审计主要有：

（1）从审计内容看，主要有生态环境财务审计、生态环境责任审计、生态环境合规性审计，进一步拓展到领导干部自然资源资产离任审计等服务生态文明建设的审计工作。

（2）从审计对象看，政府生态资源环境审计主要包括水资源审计、自然资源审计、能源消耗审计、大气环境审计、节能改造审计、污水垃圾处理建设项目审计、风沙源治理项目审计等生态文明建设相关的审计活动。

从近年我国政府审计服务实践来看，政府审计对我国生态文明建设起到了“免疫系统”作用，对我国生态文明建设做出了巨大的贡献。

我国生态文明建设起步晚，政府审计服务生态文明建设的研究还不够深入，在政府六大审计类型中，与生态文明建设密切关联的环境审计仍是审计内容和业务量最少的审计类型，环境审计的地位还比较低。另外，由于生态文明建设的复杂性，政府审计对生态文明建设的理论还不成熟，认识的深度和广度有待进一步研究，审计技术和审计方法等有待进一步创新，在服务生态文明建设的审计实践过程中，还存在很多这样和那样的问题，制约着政府审计服务生态文明建设能力的提升。

二、政府审计服务生态文明建设存在的问题

（一）政府审计对服务生态文明建设的重视程度不够

由于我国生态文明建设起步晚，政府审计开展生态文明建设服务审计的时间相对比较短，一些审计机构和审计人员，对生态文明建设审计服务的重视程度比较低，还没有充分认识到政府审计对生态文明建设的巨大贡献，缺乏生态文明建设的危机感。

从山东省审计厅审计结果公告看，2010 年 2 月 22 日至 2018 年 7 月 24 日，累计披露审计公告 55 份，其中多数是财务收支审计公告，直接反映生态环境资源相关的审计公告为 0。[178] 2017 年度北京市审计局披露审计结果公告共计 68 项，其中涉及财务预算执行和财务收支审计、资金使用审计结果公告 54 项，直接涉及生态环境建设项目审计公告 4 项。[179] 这些数据反映出政府审计对服务生态文明建设的重视程度还比较低。

（二）政府审计对服务生态文明建设的能力有待提高

生态文明建设是一项复杂的系统工程，在建设进程中，会出现许多审计难题和新问题，这对政府审计人员的审计理论、审计知识、审计技术和审计方法等方面提出了新的更高的要求。目前，政府审计服务生态文明建设的时间比较短，理论和实务界对审计服务生态文明建设的理论研究还不够深入和成熟，审计人员开展生态文明建设的专业知识有待提高，审计技术和审计方法有待创新。总之，政府审计服务生态文明建设的能力有待提升。

（三）政府审计以传统的生态环保政策、环保资金和财务报告审计为主

目前，政府审计服务生态文明建设开展的审计活动，从审计活动内容看，仍然以检查监督被审计单位的生态环保法规执行审计和环保资金使用审计为审计工作的重点，对生态环境绩效审计、政府生态责任审计以及领导干部自然资源资产离任审计开展相对较少，审计范围还相对比较窄，一定程度上阻碍了政府审计服务生态文明建设的能力发挥。

从北京市审计局审计结果公告看，2017 年度审计结果公告共计 68 项，直接涉及生态环境建设项目审计结果公告仅 4 项，分别为 2017 年第 2 号《北京市审计局“全球环境基金赠款中国城市建筑节能和可再生能源应用项目”2017 年审计报告》、2017 年第 3 号《北京市审计局“中德财政合作京北风沙危害区植被恢复与水源保护林可持续经营项目”2017 年审计报告》、2017 年第 4 号《北京市审计局“世界银行贷款

北京市节能减排示范项目”2017 年审计报告》和 2017 年第 7 号《北京市审计局关于 2015 年平原生态林养护专项资金管理和使用情况的审计结果》。四份审计结果公告中，其中有三份是生态环保项目财务报告审计。[179]

（四）生态环境审计实践滞后生态文明建设战略部署

从党的十七大报告开始至今，生态文明建设已上升为国家战略、“千年大计”，这充分体现了国家对生态文明建设的重视和战略部署。从北京市审计局、山东省审计厅等省市级政府审计公告的审计结果来看，真正涉及生态环境资源和生态文明建设的审计实践比较少，这足以说明政府审计服务生态文明建设的实践远远落后于我国生态文明战略的部署。

（五）服务生态文明建设中，政府审计开展的综合审计多，专项审计少

政府审计在服务生态文明建设过程中，审计实践以资金审计为主导的生态环境综合审计比较多。[180] 限于审计人员的专业水平、审计能力和审计对象的复杂性，专项的生态环境建设项目审计、生态环境合规性审计、生态环境绩效审计、生态环境责任审计、领导干部自然资源资产离任审计等专项审计比较少。

（六）服务生态文明建设中，自然资源和水资源审计多，大气环境审计少

从审计署以及地方政府审计机构公告的审计结果来看，政府审计实践中，关于生态资源审计的重点主要是自然资源审计和水资源审计。早在 2013 年，国务院出台了《大气污染防治行动计划》。但是，由于大气环境数据收集的难度和知识的专业性，大气环境审计实践极少，大气环境审计没有得到应有的重视。

（七）服务生态文明建设过程中，审计的技术和审计方法还比较落后

审计方法和审计技术是审计人员开展审计活动的重要手段，科学的审计方法和现代化的审计技术往往会起到事半功倍的审计效果。目前，由于政府审计服务生态文明建设的重视程度不够、认识不足，政府审计服务生态文明建设往往被误解为环保资金的监督检查。所以，审计思路往往采用传统的财务收支审计的基本思路，在审计方法技术方面，也往往运用传统的查账、核对等方法来检查环保资金使用和管理情况，缺乏针对生态文明建设过程中被审计对象的专门审计技术和审计方法，从而影响政府审计质量、影响审计评价的有效性，对生态文明建设过程中的矛盾和风险隐患难以发现，一定程度上减弱了政府审计对生态危机的预警能力。

第二节 政府审计服务生态文明建设问题的成因分析

造成政府审计服务生态文明建设重视程度不高、服务能力不强、审计技术方法落后、审计实践滞后生态文明建设战略部署等问题，究其原因，主要表现在以下几个方面：

一、政府审计机构和审计人员的生态审计理念还没有真正形成

生态审计理念是指政府审计机构和审计人员对开展生态审计，服务生态文明建设的思想观念。思想、观念是行动的先导，决定行动的方向。由于生态审计服务理念欠缺，政府审计机构和审计人员对开展生态审计、服务生态文明建设认识不足、重视不够，影响了政府审计服务生态文明建设作用的发挥。

二、审计理论缺乏创新，政府审计服务生态文明建设新理论不成熟

理论源于实践，理论指导实践。由于我国生态文明建设和资源环境审计均起步比较晚，相关理论研究比较滞后，政府审计服务生态文明建设的理论研究刚刚起步，还没有形成成熟的审计服务生态文明建设的新理论。原有审计理论，在政府审计服务生态文明建设方面缺乏创新，难以满足生态文明建设对政府审计提出的新的审计服务诉求。政府审计服务我国生态文明建设由于缺少成熟理论的指导，导致服务范围偏窄，服务能力难以提升。

三、政府审计服务生态文明建设的法规体系不完善

法规体系的完善程度是政府审计服务生态文明建设能否有效开展的依据和保障，也是生态文明建设制度完善的重要指标。我国生态文明建设制度建设起步晚，环境保护的相关法律法规还不够完善。政府审计服务生态文明建设的主要审计依据是环保法律法规、审计准则等。由于政府审计服务生态文明建设缺少专业的生态审计法规制度、系统的审计评价指标体系，严重影响了政府审计服务生态文明建设的审计实践能力。

四、政府审计服务生态文明建设过程中“免疫系统”机制不健全

长期以来，我国政府审计在“摸家底、揭问题、促管理”等方面发挥了重要的作用。但也出现了“屡审屡犯、屡犯屡审”的不正常现象。政府审计服务生态文明建设也不例外。究其原因，主要在于政府审计“免疫系统”机制的不健全，政府审计的预防、揭示与抵御功能难以有效发挥，导致政府审计治理能力的弱化。

五、政府审计服务生态文明建设中审计信息披露不充分

从2003年起，我国开始实行审计结果公告制度。十五年来，政府审计机构通过官方网站先后向社会公开审计结果公告2万多篇，同时，披露的信息还有相关审计结果问答、解释等政府审计信息。但是从审计署官网、省（市）级审计厅（局）等官网信息看，审计结果公告主要涉及财政预算执行和财务收支等传统审计的审计结果公告，对与生态文明建设相关的重大项目、重点资金、重点领域审计结果公告信息极少。

政府审计服务生态文明建设中审计信息披露的不充分，一是导致社会公众对生态文明建设审计认识不足、重视不够；二是被审计单位对审计结果重视不够，整改不力；三是影响政府审计的权威性，导致政府审计服务生态文明建设的能力弱化。

六、服务生态文明建设中，政府审计的审计专业人员缺乏

生态文明建设是一项复杂的系统工程，开展生态文明建设审计服务不是一门独立的学科，它需要融合会计、审计、投资、环境管理、工程管理、资源学、地质学、经济学、文化学等相关学科的知识。所以，服务生态文明建设审计是一门高度综合性的“学科”。

开展生态文明建设服务审计，需要专业性强、知识面广、技术高超的审计人员。政府审计机构的审计人员多数是会计、审计专业出身，侧重财务收支审计。那些既掌握会计、审计知识，又谙熟资源、环境等方面知识的高度复合型的人才少之又少。服务生态文明建设的专业审计人员的短缺，导致审计服务能力不足，审计服务风险增加，一定程度上阻碍了政府审计服务生态文明建设能力的发挥。

七、生态文明建设本身的复杂性造成的政府审计服务困难

生态文明建设本身的复杂性造成政府审计服务的困难性，体现在两个方面：

（一）生态文明建设内容丰富，对政府审计监督提出了挑战

我国生态文明建设涉及产业结构调整升级，资源节约，水资源、自然资源等国土资源开发保护、大气污染防治等方面，这对服务生态文明建设审计人员的政策理解和判断能力、审计能力等均提出了较高的要求。另外，从审计活动实施的地域和范围来看，我国幅员辽阔，对生态文明建设制度监督存在一定的困难。生态文明建设本身的复杂性增加了政府审计服务的难度，但同时也鼓励我国政府审计人员积极创新审计思路和审计方法，不断提升审计监督服务能力。

（二）服务生态文明建设中审计数据获取困难，增加了政府审计的难度

在服务生态文明建设审计实践过程中，由于自然资源基础数据、大气污染指数等数据来自不同的政府管理部门、企业和科研机构，数据管理分散或取证数据困难，增加了政府审计机构获取数据的困难性。我国缺乏系统的生态文明建设、自然资源和环境保护相关的评价指标体系，增加了政府审计对数据真实性、有效性判断的难度。

总之，我国生态文明建设本身的复杂性，对政府审计提出了更高的要求，给政府审计服务提出了严重的挑战。

第九章 国外政府审计服务生态文明建设的经验借鉴与启示

第一节 国外政府审计服务生态文明建设的经验借鉴

国外发达国家，环境审计研究起步早，环境审计理论比较成熟，环境审计实践经验丰富，对我国政府审计服务生态文明建设的理论研究和实践具有广泛的借鉴价值。

一、美国政府环境审计服务生态建设的经验借鉴

美国对生态环境的关注早，环境审计研究和审计实践起步早，生态环境治理效果明显。

（一）美国生态环境审计的产生与发展

20 世纪五六十年代，美国生态环境公害事件频发，如 1954 年洛杉矶化学烟雾事件、1969 年俄亥俄州化学污染引致石油及其他化学物质水面着火事件等，唤起了社会公众和美国政府对严峻环境问题的重视。

1970 年，美国政府颁布了“环保宪法”《国家环境政策法》（NEPA）。同年 7 月，尼克松总统签发总统令《一九七零年政府改组计划第三号令》，组建美国环境保护署（EPA）。美国环境保护署合并了原来分散在农业部、联邦水质委员会、大气污染控制委员会、原子能委员会等部门的环境职能部门。美国环境保护署致力于生态环境保护、有害污染物排放以及民众健康维权工作，具体负责环境政策制定和监督、环境审计执行，是环保执法机构，其宗旨是保护人类健康和环境。

1977年，美国证券交易委员会（SEC）因联合化学公司的潜在的环境负债未告知股东，而要求该公司定期审查其环境政策和程序，以保证遵循环境法规。美国证券交易委员会的这次行动，是世界上第一次正式记录的环境审计。1979年和1980年SEC又分别对美国钢铁公司和西方石油公司进行了环境审计。之后，环境审计逐渐被审计界认识和接纳，逐步在西方发达国家传播。

1985年12月8日，美国环境保护署发布环境审计政策的临时指导性文件（50FR 46504）。1986年7月9日，最终政策文件《环境审计政策声明》颁布。该《声明》明确了环境审计的定义、环境审计的立场、美国环境保护署与州或地方管理机构的关系。该《声明》列举了有效环境审计项目的基本要素。该基本要素包括：①高管对环境审计的明确支持及对审计意见的承诺；②环境审计活动的独立性；③符合要求的审计队伍和审计培训；④明确的审计目标、范围、资源和频率；⑤收集、分析、解释和记录信息的程序等。

1995年12月22日，美国环境保护署发布《自我管理激励：发现、披露、纠正和违规预防》（60FR 66706），强调凡是按照政策要求披露环境信息的受管制主体，可因此减轻民事处罚，甚至免于刑事诉讼。以此鼓励受管制主体自愿发现、披露、纠正和预防违规来提升对人类健康和环境的保护。

2000年4月11日，美国环境保护署发布修订后的《自我管理激励:发现、披露、纠正和违规预防》（65FR 19618）。与1995年版相比，2000年版的环保政策延长了环境信息披露周期，明确了环境保护标准。修订后的环境政策，增强了环境审计评价的可信度。[181]

2008年8月1日，美国正式发布《新成立企业适用环境审计政策的临时办法》（简称《临时办法》）。该《临时办法》界定了新企业的范畴、减轻处罚的适用条件等内容。

（二）美国生态环境审计服务生态环境建设的经验

1. 美国环境审计的法律法规比较健全

自1970年7月美国环境保护署成立以来，美国环境保护署先后制定了大量有关环境保护的法律法规，明确环境保护标准，增强环境审计评价的可信度。为配合政府审计工作，美国司法部设立专门的环境犯罪职能部门、美国环境保护署内部设置环境犯罪刑事处罚办公室。环境犯罪刑事处罚办公室拥有环境刑事调查权和环境犯罪制裁权。美国审计机关依据联邦成文法进行环境审计，通过环境审计揭露破坏环境的行为，增强了政府环境审计的权威性。

2. 美国审计署设立环境资金审计处和绩效审计处，开展政府环境审计

1978年，美国审计署设立自然资源使用和环境保护司，内设环境绩效审计处和资金审计处。美国环境资金审计处和绩效审计处的审计工作人员，具有不同的专业背景，他们有注册会计师、环境项目评估师、公共政策专家、环境科技专家等。此外，

环境资金审计处和绩效审计处的审计人员要定期接受后续职业教育，不断更新知识结构，提高审计胜任能力。美国环境审计人员广阔的专业知识背景和持续的后续职业教育，大大提高了环境审计人员的工作胜任能力和服务生态环境建设的能力。

3. 美国审计署制定了规范的环境审计程序

美国环境审计程序的规范性体现在三个方面：

（1）向国会提交环境审计报告制度。美国审计署定期向美国国会提交环境审计报告，在提交的环境审计报告中，揭示环境审计查出的问题，并提出完善环境保护法律法规方面的建议。这些报告对完善环境保护方面的立法、监督正确使用环保资金、改善环境质量、加强环境保护等方面做出了巨大贡献。

（2）环境审计报告信息披露。美国审计署定期把环境审计报告通过互联网、报纸、杂志、新闻媒体等形式对外进行信息公告披露。

（3）社会公众环境审计项目听证。美国审计署在举行环境审计项目专题报告会时，社会公众可以派代表参加环境审计项目的专题报告听证会，以了解环境审计的最新进展。

美国审计署向国会提交环境审计报告、环境审计信息披露和听证制度以及规范的环境审计程序，在促进政府、企业和社会公众合理使用资源，加强环境保护，维护生态平衡方面卓有成效，极大地推动了美国经济的全面协调可持续发展。[182]

4. 美国环境审计内容广泛

美国环境审计内容涉及土地经营、能源与环保政策、污物治理、工业三废、跨国和全球性等环境问题。重点开展环保资金审计、环境绩效审计、环保政策有效性审计以及国际环保公约遵守情况审计。内容广泛的环境审计，实现了美国生态环境审计的全覆盖，对美国环境的保护和环境质量的改善做出了巨大的贡献。

二、加拿大政府环境审计服务生态建设的经验借鉴

（一）加拿大政府环境审计的产生与发展

1878 年，约翰·络恩·麦克杜格尔（John Lorn Mcdougall）被任命为加拿大联邦审计署第一任审计长。麦克杜格尔掌门的加拿大审计署主要负责政府账目公正审计和政府开支的审批。

1931 年，加拿大国会批准在联邦政府设立财政部审计长，负责政府开支的审批。政府开支审批权分离，标志着联邦审计署拥有的审计专属责任。其主要从事公共财政资金公证审计。

20 世纪 50 年代，联邦审计署公证审计开始向绩效审计拓展。

1977 年，国会通过联邦《审计长法》，以立法形式明确了审计署开展财政资金绩效审计的权限。

20世纪90年代，除开展3E绩效审计外，开始关注生态环境问题，并将审计结果向国会报告，引起国会议员、社会大众和媒体对生态环境问题的关注。

1992年，国会要求联邦政府各部门制定《绿色环境规划》，并要求审计署对规划执行情况进行审计。

1993年，联邦审计署开始独立、全方位地履行资源环境审计职责。

1995年，国会通过修订后的《审计长法》，要求联邦政府部门和委员会编制三年一次的《可持续发展战略规划》。《可持续发展战略规划》内容包括：公众健康、生态系统保护、环境污染防治等。依据修订后的《审计长法》，联邦审计署内部设立环境和可持续发展专员办公室。审计署专员办公室负责在环境保护和可持续发展方面开展绩效审计调查，负责可持续发展战略执行的监察和报告，评估可持续发展目标完成情况，对发现的环境问题进行反馈。

1996年6月，审计署任命第一任环境和可持续发展专员。

1997年，环境和可持续发展专员办公室第一次向国会提交可持续发展和环境审计报告。

2005年9月，加拿大在安大略省召开“环境审计：通过管理和问责促进可持续发展”研讨会。会上，加拿大建立了“环境审计体系”。

2007—2008年，加拿大先后通过《京都议定书执行法》《联邦可持续发展法》。在《联邦可持续发展法》中，明确了环境和可持续发展专员办公室责任，分别是：检查联邦政府可持续发展战略草案并对其可行性提出意见，从2011年起每年向国会报告可持续发展战略履行情况审计报告，2年一次向国会报告防治气候变化措施审计报告，评估政府年度发展报告的公允性。[183]

加拿大的最高国家审计机关联邦审计署，它规定企业每年向政府环保部门提交环境年度报告供其审计，审计结果要报告给持股人和其他利益相关者，鼓励社会公众参与环境保护的审计活动。

（二）加拿大资源环境审计服务生态环境建设的经验

1. 完善有效的法律制度，为政府环境审计的开展奠定了法律基础

加拿大是典型的法制审计国家。加拿大联邦《审计长法》和安大略省《环境权利法》明确要求在联邦审计署设立环境与可持续发展专员和安大略省环境专员职位，并赋予其相应的职责。法律还要求政府部门制定并定期更新可持续发展规划。加拿大完善有序的法律体系为政府环境审计依法开展审计工作提供了法律保障。

2. 严格的法律法规，促进了环境审计工作的法制化

加拿大与环境相关的法律法规主要有《渔业法》《加拿大环境保护法》《危险货物运输法》《核安全和控制法》《危险物品管理法》等，对空气质量和污染、水的质量和污染、危险和非危险废物的处置、危险货物运输、泄漏的预防与控制等方面都

做出了比较详细的规定。

加拿大环境保护法律明确规定企业的环保责任和严厉的违法处罚。法律规定：企业既要对生产过程中的污染负责，也要对商品消费过程的污染负责；对于违规企业、污染企业，一是对企业实施经济重罚，二是追究企业主要负责人法律责任。

健全的法律体系，严格的法律规定，有利于推进政府环境审计依法高效开展审计工作，大大减少了企业的环境违规风险。

3. 规范的环境审计标准，为政府环境审计提供了依据和操作指南

加拿大国家审计机构分联邦、省、市三级，各级审计机构没有隶属关系，各自独立向本级议会负责。在加拿大，联邦、省级和市级审计机构分别制定各自的环境审计标准、审计政策、审计程序、行业标准和操作指南等审计规范。

除法律法规外，加拿大还拥有比较完善的指导环境审计流程的标准，包括国际标准组织制定的环境管理体系审计标准（ISO19011）、加拿大标准协会制定的合规性审计标准（CSAZ773-03）、环境影响评价和环境管理系统认证标准（ISO14001）。这些标准涉及环境管理系统（EMS）审计、合规性审计、尽职调查审计、质量审核、能源审计、废物审计、温室气体核查等审计类型。比如，在环境管理系统（EMS）审计中，ISO14001 标准规定审计范围、ISO1901 标准规定审计方法等。审计工作包括审查 EMS 设计和实施情况、防止污染和持续改进等内容。[184]

加拿大环境审计历程的规范性和审计方法的科学性，保障了政府环境审计数据真实有效，为环境审计开展提供了保障。

4. 完善的财务和政府责任制度，为政府环境审计工作提供了必要条件

加拿大市场经济运行规则比较成熟和完善，财务会计信息相对真实和规范，这为政府环境审计工作开展提供了必要的基础条件。[185] 同时，社会对可持续发展关注度高，为政府审计发展创造了有利条件。加拿大法制健全，政府职责相对明确，政府不仅制定可持续发展目标，还要提出可考核的措施、标准，为政府环境审计考核政府责任提供了依据。

三、荷兰政府环境审计服务生态建设的经验借鉴

（一）荷兰政府环境审计的产生与发展

荷兰是环境审计比较成熟的国家，有许多经验值得借鉴。荷兰的环境审计工作起步较早，自 20 世纪 60 年代起，荷兰政府出台一系列保护环境的重要措施。20 世纪 80 年代后期，颁布实施《环境管理法》，建立环境审计制度。荷兰审计法院主要依据环境法、会计法实施环境审计。

1927 年，荷兰发布有关环境的《紧急政策文件》，制定了大量有关环境方面的法律、政策。

1989年，荷兰开始执行《国家环境政策规划》。《国家环境政策规划》对环境领域大部分的一般性标准做出了具体的规定。这些一般性标准是政府审计机构据以进行环境审计评价的依据和得出环境审计结论的基本框架。同年，荷兰政府发布《环境管理条例》，该条例对企业环保责任进行了明确界定。《环境管理条例》对企业自觉实施环境保护责任进行激励，规定“企业建立环境管理体系、拿到国际环保认证书，国家环保部门就会信任该企业的环保工作，减少对企业的环保检查次数。”[186] 此外，荷兰出台了严格的环境执法制度，企业违规将受到重罚，这让很多企业不敢以身试法。

1990年，荷兰审计院将环境审计事项列入审计研究发展计划，并把环境政策审计列为荷兰审计院的重要审计类型之一。之后，荷兰审计院开展的所有审计工作，都首先考虑环境内容，并对环境相关事项进行检查。作为国家最高审计机关的荷兰审计院，其主要任务是对中央政府开展审计工作。荷兰审计院关注生物物种、气候变化、自然资源开发、物理环境退化和健康威胁等多个方面的环境问题，其审计范围涉及中央政府13个部委及其所属的23个政府机构、森林、供水、公共设施等公共管理部门，其审计重点是调查和评价上述部门、机构的能源节约、内部环境管理和降低流动性等相关政策执行方面的合规审计和绩效审计。[187] 荷兰审计院对推进环境审计发展，保护荷兰生态环境做出了巨大贡献。

荷兰的环境审计法律制度，保障了环境审计工作的法制化。对各级政府、企业的环保部门进行的环境保护规划、检测、管理和协调等环境管理活动进行系统审核、提出审计报告，并做出客观公正评价，这对荷兰环境保护发挥了巨大作用。

在荷兰，除国家审计院开展环境审计工作外，环境监察局、政策执行中介机构、各地方和地区政府、负责开展从事环境方面研究的大学或私营的学术机构等联合参与环境审计工作，共同推进环境审计的发展。不同组织和部门之间分工明确、协调配合，并且加强了欧盟范围内的区域合作。随着环境问题的全球化，荷兰环境审计法律制度也开始向社会组织自主环境审计转变，制定跨部门、多领域的联合环境审计法律制度，并向国际合作环境审计法律制度转变。

（二）荷兰政府环境审计服务生态建设的经验

1. 完善的环境与审计立法，为环境审计提供充分的法律依据和标准

荷兰政府先后出台《紧急政策文件》《环境管理法》《国家环境政策规划》《环境管理条例》等与环境和审计相关的法律法规。

此外，还建立和完善了其他各种与之相关的环境评价和环境审查法律制度，如《拟投资项目环境评价审计法》《社会组织遵守国家环境法律法规情况审计法》《污染预防审计法》《产品环保性审计法》《环境管理体系（ISO14000）认证审计法》等法律制度。完善的法律体系，为荷兰审计法院依法进行环境审计提供了法律依据和标准。

2. 加大审计创新，拓展审计类型，为提升环境审计服务能力创造条件

荷兰审计法院不断加大审计创新力度，拓展环境审计范围，在保持环境常规审计的基础上向环境绩效审计拓展。其审计重点由单纯的环境项目审计，向环境政策和法规执行审计和评价审计转变。

政府环境审计的创新，对荷兰环境审计的发展起到了推动作用，为推进荷兰审计更好地服务生态环境建设创造了条件。

3. 规范环境审计程序，防范环境审计风险，提升环境审计服务的权威性

荷兰审计法院规定环境审计必须遵守严格的审计程序。具体审计程序如下：

（1）环境审计项目准备。审计实施者依据审计战略目标，选择审计项目，综合考察被审计单位以及被审项目实际情况，做好环境审计项目的各项前期准备工作，并做好项目调查，形成项目调查报告。

（2）环境审计项目实施。依据审计计划开展环境审计工作，揭示被审计项目的问题，报告审计发现，并同被审计机构进行问题和意见交流。

（3）审计报告阶段。依据环境审计项目审计发现和审计整改意见等起草审计报告，与被审单位上级主管部门交换审计意见，并对环境审计报告进行公告。

（4）审计整改跟踪。审计项目结束后，开展被审计机构环境审计问题整改等跟踪审计，检查和评估项目整改的执行情况和执行效果。

总之，荷兰规范的环境审计程序，提高了政府环境审计的效率，降低了环境审计风险，增强了环境审计的真实性、可靠性和权威性。

4. 审计人员业务素质高，为高效开展审计工作提供了人力资源保障

荷兰环境审计人员知识结构包括公共管理、社会学、政治科学、法律、经济、会计、环境和工程学等专业学科，荷兰环境审计人员知识结构的宽泛性，增加了荷兰环境审计工作的科学性。[188] 荷兰审计法院注重审计人员培训工作，每年开展审计人员专门培训，不断更新审计人员知识结构。

高素质的环境审计队伍，为推进环境审计发展，更好地服务荷兰生态环境建设，提供了人力资源保障。

5. 加快环境审计研究与国际交流合作，有利于审计服务能力的发挥

加强环境审计理论研究和国际交流合作。进入 21 世纪，荷兰审计院积极参加针对《生物多样性公约》《蒙特利尔议定书》《防治荒漠化公约》《海洋倾废公约》等国际环境协定的国际联合审计活动。[189]

通过参加国际交流合作，取人之长、补己之短，有利于拓展政府审计人员知识的广度和深度，提升政府审计服务生态环境建设的能力。

第二节 国外政府审计服务生态文明建设的启示

上述美国、加拿大和荷兰环境审计发展、审计服务生态环境建设的经验，给我国政府审计服务生态文明建设带来了很多启示。

一、法律法规是政府审计服务生态文明建设的坚强后盾

从美国、加拿大和荷兰的政府环境审计发展以及对生态环境保护的贡献来看，三个国家均出台了与生态环境保护、审计法规、环境违规处罚等相关的法律法规，形成了完备的法律法规体系，使政府环境审计在开展审计监督、检查和评价活动时“有法可依”，增强了政府审计机构开展生态环保项目审计的真实性、可靠性，大大提高了政府审计服务生态文明建设的权威性和服务能力。

二、规范审计工作程序，降低政府审计服务生态文明建设的审计风险

美国、加拿大和荷兰三个国家，除建立完备的环境保护和审计相关的法律法规体系外，还建立了比较完善的环境审计管理系统指南和环保合规性审计标准，规范了环境审计工作程序。规范的环境审计程序，大大提高了环境审计服务生态环境保障的能力。对此，我国应加强服务生态文明建设审计标准，规范审计程序，降低我国服务生态文明建设审计风险，提升政府审计服务能力。

三、高素质审计人才是政府审计更好地服务生态文明建设的前提

美国、加拿大和荷兰政府环境审计人员均具有宽泛的专业知识背景、注重审计人员后续培训。高素质的审计人员，对环境审计的发展起到了巨大的推动作用。在我国生态文明建设过程中，要加大政府审计人员素质的提升培养，以提升审计人员服务生态文明建设的能力和效率。

四、创新审计技术和方法，提升审计服务能力

生态文明建设工程浩大而复杂，政府审计传统的审计技术和审计方法难以适应生态文明建设的复杂问题。从美国、加拿大和荷兰政府环境审计的发展历程来看，他们均在审计技术、审计方法方面不断创新，以应对生态环境复杂问题对审计的新要求。

五、拓展环境审计内容与范围，提升审计服务生态文明建设成效

美国、加拿大和荷兰政府环境审计经过多年的发展，对国家生态环境保护均作出了巨大贡献。从三个国家环境审计内容来看，均已从环保财务审计扩展到空气、水、

生物多样性、气候变化、危险和非危险废物的处置、泄露的预防与控制、有毒物质、环境评估等生态环境领域，其审计重点也从环保项目、资金的审计转移到对有关可持续发展和环境问题的咨询和评估审计。审计范围的拓展，有利于保障政府审计服务生态文明建设审计的真实性、审计建议的建设性和科学性，提升政府审计服务生态文明建设的能力。

六、充分的审计服务信息披露制度，有助于提升社会公众生态建设的参与度

美国、加拿大和荷兰均有严格的审计结果公告披露制度，定期向国会报告环境审计结果，并通过网站、报纸、杂志等新闻媒体向社会披露并邀请社会公众参加环保项目专题听证会。充分的审计信息披露制度，有利于提升社会公众生态环保意识和生态建设的参与度。

在我国政府审计服务生态文明建设的初级阶段，要加大审计服务信息披露，提高社会对政府审计服务生态文明建设的认识度，有利于提升政府审计监督、评价和免疫功能的权威性，提升社会公众生态建设的参与度。

七、严惩生态环保违规，有助于政府审计治理和免疫功能的发挥

在生态环境保护违规处罚方面，美国、加拿大和荷兰均比较严厉。除了对违规机构进行经济严惩外，还要追究违规机构责任人的环保责任。严厉的环保违规处罚，让企业等单位不敢涉足。

在我国生态文明建设过程中，加大生态环保违规处罚，有利于政府审计发现和揭示生态文明建设中的矛盾、风险和隐患，提升政府审计服务生态文明建设治理和免疫功能的有效发挥。

第十章 推进政府审计服务生态文明建设的措施

第一节 基于政府层面

一、健全政府生态文明建设和审计相关法律法规

目前，在我国政府审计机关开展审计工作所依据的生态文明建设、生态环境保护以及生态审计法律法规还不健全，这在一定程度上影响了政府审计服务生态文明建设的法制化，使得政府审计工作大打折扣。因此，政府相关部门应建立和健全生态文明建设、生态环境保护和审计的相关法律法规，明确赋予政府审计机关服务生态文明建设的权力和责任，研究构建服务生态文明建设审计准则体系，明确生态文明建设过程中政府审计的范围、责权、审计信息质量要求、审计信息披露以及违规处置权等。通过构建生态文明建设审计准则来指导政府审计工作，保证生态环境审计工作的规范性、准确性，做到有法可依。

二、构建政府生态责任追究机制

目前，虽然建设生态文明已上升为国家战略，加快生态文明建设也已成为政府工作的重点内容，但是部分政府在生态文明建设的落实上，还存在一些问题或者缺少长期的生态规划，生态文明建设初级目标存在短期行为。因此，应建立健全政府生态责任追究机制，加快推进《党政领导干部生态环境损害责任追究办法（试行）》《生态文明建设目标评价考核办法》《2018 年省部级党政主要领导干部和中央企业领导人员经济责任审计及自然资源资产离任（任中）审计计划》等制度文件的的落实，健全政府生态责任追究机制，迫使政府在生态问题上进行长远规划，同时也为政府审计机关开展审计服务工作提供保障。

三、加大生态环境违规处罚力度，提升政府审计发现的威慑力

全面落实生态环境违规惩罚制度，加大生态环境违规处罚力度，让生态环境违规者面对处罚望而却步。2017 年 8 月中央全面深化改革领导小组第三十八次会议审议通过《生态环境损害赔偿制度改革方案》，并于 2018 年 1 月 1 日全国试行。

政府审计在服务生态文明建设过程中，充分发挥政府审计的发现与揭示功能，对发现和揭示和生态环境违规等问题，依据《生态环境损害赔偿制度改革方案》进行处罚，提升政府审计服务生态文明建设的威慑力。

四、建立健全生态环境审计信息披露制度，把审计公告“晒”在阳光下

2003 年起我国开始实行审计结果公告制度。十五年来，审计单位向社会公开的审计结果报告有 2 万多篇，审计工作督促有关方面建立健全规章制度 4 万多项，我国政府审计监督服务作用得到有效发挥。但在已经公告的审计结果公告中，涉及生态环境的审计结果公告极少。所以，政府相关部门应在现有审计结果公告制度基础上，建立健全生态环境审计信息充分披露制度、拓展审计信息披露渠道和披露方式，把生态环境审计公告“晒”在阳光下，社会公众知晓审计发现的生态环境问题以及审计结果的执行、落实。健全生态环境信息公开制度，保障公众生态环境知情权、参与权和监督权。[190] 健全的政府生态管理体制，为政府审计机构服务生态文明建设审计的开展提供广泛的社会支持。

五、加大生态环保理念宣传，提升社会公众生态意识和生态建设参与度

我国生态文明建设起步晚，社会公众生态环保意识比较淡薄，自觉参与生态文明建设的积极性不高，参与程度比较低。所以，政府相关部门要通过各种渠道，大力宣传国家生态文明战略和生态文明建设的必要性和紧迫性，提升社会公众对生态文明建设的认识程度，提高社会公众生态环保和自觉参加生态文明建设的积极性，自觉加入生态文明建设服务监督队伍，共同推进“千年大计”生态文明建设进程。

第二节　基于政府审计机构和审计人员层面

一、以生态文明理念指导政府审计服务生态文明建设实践

在生态文明建设进程中，政府审计和审计人员要转变传统审计观念，树立生态

文明理念。政府审计机构和审计人员要深刻理解和准确把握生态文明建设的本质，以生态文明理念丰富政府审计服务生态文明建设内涵，并指导政府审计实践。这要求在生态文明建设过程中，政府审计机构和审计人员在实施审计活动的每一环节和程序，都要综合考虑生态文明建设的目标、要求、任务并落实到实践中。

以生态文明理念指导审计实践活动中，政府审计机关和审计人员要以可持续发展标准评价审计问题，将审计对象的经济效益、社会效益和生态环境效益三种效益综合考虑；要审查资源环境项目的资金使用情况、完成情况，核实项目生态环境目标实现情况;在出具审计意见时，站在生态文明建设的制高点，着眼全局、立足长远，以资源环境改善、生态环境问题的解决为根本，揭示发现的问题，提出建设性意见。

二、加快生态审计文化建设，提升审计人员服务生态文明建设的审计意识

审计文化是审计机构和审计人员在审计工作过程中形成的具有自己特色的审计理念、行为模式以及与之相适应的规章制度和组织机构等的总和。它是审计机构和审计人员的精神支柱和前进动力，能够把审计人员的思想和行为引导到政府审计所确定的职责要求和既定目标中来。因此，加快生态审计文化建设，提升审计人员服务生态文明建设的审计意识，创新生态审计理念，带动生态审计的机制创新、方式创新和管理创新，促进政府生态审计快速发展。

三、顺应生态文明建设项目特点，做好生态文明审计规划

由于每个生态文明建设项目本身具有的复杂性和特色性，政府审计机构和审计人员在开展审计工作前，综合考虑自身审计权力和审计能力情况下，依据不同生态文明建设项目特点，制定审计服务目标和计划等审计服务规划工作。依据审计发现的问题和审计依据，对审计结果进行客观评价。这是发挥政府审计服务生态文明建设作用的重要环节，是提升政府审计服务生态文明建设能力的必要条件。

四、拓展政府审计范围，强化政府审计的生态责任监督

目前，服务生态文明建设审计所涉及的领域比较少，主要是对水资源、土地资源、以及“三废”排放等方面开展审计。在服务生态文明建设过程中，政府审计范围还比较窄，对生态责任的审计监督能力比较弱。所以，要通过法律法规形式，明确政府审计服务生态文明建设的权限。

（1）资源保护和开发利用审计，包括：对重要资源的开发和利用审计，环境污染的治理审计，污物排放达标审计，生态修复审计，土地使用、出让和转让审计等。

（2）生态绩效审计，包括：环境资源保护资金的使用效率、效果审计，政府生态环境政策有效性审计，生态文明建设资金使用、资金安全审计和资金运行绩效审计等。

通过拓展政府审计工作覆盖面，不断增加审计项目数量，提高审计频度，实现政府审计服务的常态化、多元化。尤其是对涉及生态文明建设相关的重点、热点以及民生问题开展审计工作，不断提升政府审计服务生态文明建设的生态责任监督能力。

五、加快政府审计人员队伍建设

在服务生态文明建设过程中，政府审计机构和审计人员会面临很多“新生事物”，相关审计人员的审计经验和审计知识相对比较匮乏，高素质审计人员短缺。因此，应加快政府审计人员培养，不断提升政府审计人员服务生态文明建设的素质和能力。为此，应做好以下工作：

（1）加快现有审计人员的审计能力培养，从生态知识和业务能力双向入手，快速提升现有审计人员的生态审计能力。

（2）在高校设立生态审计专业，培养高素质生态审计人员。

（3）通过外部引进方式，充实审计人员队伍。从高校、社会招聘具有资源、环境、审计等知识的复合型优秀人才，加入政府生态审计队伍。

（4）通过内部培养，提升审计人员素质。鼓励现有审计人员到国内外高校、研究机构等进行交流学习，提升自身生态审计的专业知识、更新知识结构，不断提升审计人员的能力和素质。

六、创新审计技术和审计方法，提升政府审计服务生态文明建设能力

审计技术和审计方法是服务生态文明建设审计效果的保障。目前，在服务生态文明建设审计中多采用生态踪迹法、综合法、生命周期法、投入产出法、时间序列法等多种方法对环境生态进行计量，但以上方法还不能很好地解决生态问题边界、价值计量等问题。因此，应不断创新生态风险评估与应对，生态绩效评估、生态价值计量等生态审计技术方法，以实现定性指标的定量化分析，减少评价机制中的主观性因素，确保生态审计评价结果客观和公允，不断提升政府审计服务生态文明建设的能力。

七、建立生态文明建设领域的“生态环保审计专家库”

生态文明建设是一项复杂工程，其涉及的专业知识比较宽泛，包括经济、金融、环境工程、工程管理、资源学、地质学、经济学、文化学等多个专业领域。

目前，我国审计人员出身会计、审计专业颇多，其传统审计专业知识和专业素质比较高，但对其他领域知识掌握相对欠缺，这势必影响政府审计服务生态文明建设的质量和效果。

基于此，政府审计机构在服务生态文明建设过程中，要借助“外脑”，建立由经济、

金融、环境工程、工程管理、资源学、地质学、经济学、文化学和生态文明领域的专家、政策制定者和实施者组成的“专家库”。这些“专家库”的专家一是在审计实践中可以起到参谋助手作用；二是开展审计人员职业培训时，可以聘请相关专家对在职人员进行培训，提高审计人员的素质；三是可以安排审计人员到专家所在单位进行挂职锻炼，培养审计人员相关专业的审计实践。总之，建立“生态环保审计专家库”，借助“外脑”可以弥补审计人的专业知识范围局限，提高政府审计服务生态文明建设的工作成效。

第三节 基于审计科研机构和中介机构层面

一、高校与科研机构方面

（一）加大国外经验借鉴研究，完善我国政府审计服务生态文明建设理论

国外发达国家，对生态环境关注较早，环境审计的理论比较成熟，审计实践经验丰富，生态环保以及审计相关的法律法规体系比较健全，政府环境审计对环境保护和生态建设做出了巨大贡献。高校以及科研机构要加大国外环境审计理论、环境保护以及审计相关法规制度和审计实践研究，剔除糟粕，吸取精华，学习借鉴国外审计先进经验和前沿知识，为我多用，不断充实和完善我国政府审计服务生态文明建设理论。

（二）加大理论研究，丰富生态文明建设理论和审计理论体系

理论源于实践、理论指导实践。我国生态文明建设起步晚，理论研究不够成熟。高校和科研机构要加大生态文明建设的内涵、本质、目标、任务等理论研究，形成我国生态文明建设理论体系，以指导生态文明建设实践。生态文明建设是我国前所未有的复杂的系统工程，政府审计在服务生态文明建设过程中，会遇到许多复杂的新问题，这对审计理论提出了新的要求。所以，高校和科研机构，要在借鉴国外审计服务和审计实践经验的基础上，结合我国新阶段实际情况，加大审计理论创新，完善审计理论体系，以成熟理论指导政府审计实践创新前行。

二、审计中介机构层面

（一）协调其他审计机构和审计组织，做好政府审计的联合审计

在政府审计服务生态文明建设过程中，由于被审计对象的复杂性，往往需要社会审计、内部审计机构协同配合，共同完成生态文明建设项目的审计任务。审计协会等审计中介机构，凭借一端连接政府审计机构，一端连接民间审计组织的中介桥梁身份，可以起到协调其他审计组织配合政府审计，共同完成服务生态文明建设的

审计任务，提高政府审计服务生态文明建设工作的效率和效果。

（二）发挥审计中介机构桥梁作用，做好审计服务生态文明建设宣传

审计协会等审计中介机构，具有上传下达的中介桥梁作用。审计协会等审计中介机构，在深入理解掌握生态文明建设理论内涵、生态文明建设相关法律法规、环保政策、审计规章制度的基础上，充分发挥其中介桥梁作用，对下做好政府审计服务生态文明建设的相关理论、政策、制度的宣传作用，提高社会公众对政府审计服务生态文明建设的认识程度，提高社会公众自觉参与生态文明建设的积极性。对上做好信息传导工作，调研、收集有关生态文明建设、政府审计服务生态文明建设过程中存在的问题，及时向政府审计机构等政府部门进行信息反馈，协调解决好有关国计民生、生态文明建设、政府审计服务等相关的问题，提升政府审计的公正性和权威性。

第十一章　政府审计服务生态文明建设的实践

第一节　拨开迷雾重现蓝天——环保资金专项审计

一、环保资金专项审计背景

近年来，雾霾天气治理、水源地保护、饮用水安全、土壤污染等环境问题，引起社会的广泛关注。空气、水、食品这些人类生存基本必需品的质量，不但影响当下一代人的身体健康，更关乎国家和民族的未来。我国政府始终坚持走可持续发展道路，坚持保护资源和保护环境的基本国策。近年来，国家环保投资的资金量和GDP占比不断加大，各级政府和环保部门也积极采取措施，为改善环境质量做出努力。但是，有些单位把国家环保资金当作唐僧肉，"要"的动机不纯，"用"的途径不实，本该专款专用的环保补贴资金，被虚报项目，挪作他用。

二、审计目的

2014年1月，山东省济南市历下区审计局根据区预算执行审计工作统一安排，对全区2013年度财政拨付的节能减排补贴资金开展专项审计调查。其目的是保障国家环保政策资金的安全和高效使用。

三、审计过程

（一）审计调查

济南市历下区审计局开展的节能减排补贴资金专项审计调查，采取现场实地察看、调取项目档案会计资料、收集政策法规、召集相关人员召开座谈会等形式开展。

（二）问题发现

济南市历下区审计局通过开展审计调查，发现环保部门对部分专项治理资金把关不严、监管不力，使某些不符合政策条件的单位获取财政补贴，存在节能减排补贴资金违规使用情况，影响环保资金使用效益的发挥。

针对审计调查发现的问题，历下区审计局专项资金审计组约谈了环保局的某副局长、财务科长，了解环保部门节能减排资金管理使用情况及政策执行情况。该副局长介绍了环保部门的职责及近年来节能减排政策执行的情况、环保局的职责范围，等等。财务科长介绍了2013年资金的收支分配情况和非税收入征收管理情况。调查中，财务科长提到辖区内某企业燃煤锅炉改造工作推进困难。

该企业2012年10月向市环保局申报专项补助，申请批准后，该单位以气源不足、后期运行成本高为由，2013年度拒绝实施改造，而财政资金114万元已经到位，区环保局向市环保局和市财政局请示后，将此资金转给另外2家单位实施燃煤锅炉改造项目。

正常情况下，如果财政预算项目因为种种原因未予以实施，应该由项目承担单位或预算单位向财政部门报告后，将财政资金归还原资金渠道，也就是收回财政资金，由原项目批准单位作为项目结余列入下年度预算。上述将燃煤锅炉改造工程专项资金转移使用，不符合环保专项资金管理规定。

（三）确定审计重点

从以上调查了解到的情况看，环保部门工作覆盖面大，专业难度深，给审计工作带来不小的挑战。而审计工作时间有限，期间正好跨越春节假日，有效工作日仅仅几周，如何尽快抓住审计重点和方向，成为考验审计组审计能力的关键。

经过初步分析，环保局当年专项支出中燃煤锅炉补助资金占50%，涉及项目执行单位9家，并且此专项资金是中央级环保资金，资金用途较为明确，便于界定执行情况。因此，审计组决定，以资金拨付为主线，重点研究环保专项资金审批使用政策等相关文件的审查及延伸实地调查。

（四）审计实施

1. 熟悉相关文件资料

经过对燃煤锅炉综合整治政策文件的初步熟悉，燃煤锅炉综合整治方式包括两种：一种是高效除尘设施改造，另一种是用天然气等清洁能源燃料替代燃煤燃料。文件中对工作步骤、完成时限、各责任单位职责要求明确，并且详细列出项目档案应具备的资料清单。

2. 延伸审计资料核实与审计疑问

2014年春节一过，审计组就将延伸审计的项目单位名单通知给了环保局，该局负责燃煤锅炉治理工作的业务科长张科长联系项目单位并安排了调查顺序。审计组用了一周多的时间，查看完所有的项目。审计组发现存在以下几个问题：

疑问一：项目档案的完善程度相差甚远，环保部门既没有与项目单位签订目标责任书，也没有如期验收项目。有的单位资料齐全，有的单位资料缺这少那，其共同点是环保部门都没有按政策文件的要求与项目单位签订目标责任书。项目执行过程中，也没有保存相应的检查记录。项目完成后，环保部门更没有如期组织验收工作。这是环保部门失职懒政，履责不到位？还是另有玄机？

疑问二：项目实施时间不受限制吗？从9家单位项目执行情况来看，除了临时纳入改造范围的1家单位未改造完，其他8家单位全部改造完成。从统计的改造完成时间来看，有3家单位不仅完成，而且分别早在2009年10月、2010年11月、2012年11月就已经改造完成。而该项目的申报时间是2012年年底，同时政策文件中并未明确改造时间的起点，也就是未限制项目实施时间，仅要求2013年10月之前完成。那么，问题是补贴早已完成的项目，财政扶持环保项目的导向性作用还能发挥吗？

疑问三：实际看到的改造方式与申报方式及政策文件有差别，但是表面看这种差别不能直接否定实施效果，那么这种改造到底符不符合补贴范围呢？例如，财经学校原有总计50蒸吨规模4台锅炉，按批准的申报项目类型，属于袋式除尘器改造，按字面理解应该对锅炉实施部分改造，财政补贴按每10蒸吨补贴20万元共计补贴101万元。而实际情况是财经学校拆除了2台10蒸吨锅炉，对剩余2台实施除尘器改造，同时为满足冬季供暖需求新购进一台20吨的燃气锅炉。这种改造方式虽然申报内容与实施内容有差别，但是从实施效果来看，既起到了节约燃煤能源的作用，同时改造后保证了各项排放物指标达标合格。

延伸审计发现，7家单位申报清洁能源改造即燃料由天然气替换燃煤，这种类型的改造因燃料变更，改造原锅炉成本太高，只有1家单位保留原锅炉，对锅炉机头进行改造，另外6家单位对原燃煤锅炉进行彻底拆除，采取新购进燃气锅炉或加入城市集中供暖管网的方式进行改造。这种拆旧建新的改造方式，文件中根本没有提到，但也不能说实施效果不好。

3. 审计疑问揭示

为解开上述疑团，审计组决定改变工作思路，从环保局方面下手，寻求突破。一方面开始从环保局年度工作总结、会议纪要、年度考核资料等入手寻求突破；另一方面与环保局的分管领导、前业务科长及相关工作人员约谈，了解事实真相。

依据上述审计思路，审计组一分为二，一组负责翻看环保局提供的工作总结、会议纪要、年度考核资料等文字资料，查找并记录与燃煤锅炉综合整治工作相关的所有记录。另一组约谈环保局的相关人员。经过约谈，部分情况得到验证。原来，燃煤锅炉改造推进工作的确非常难做，现在无论是企业还是哪个事业单位，都需要算经济成本的账，几十万元甚至上百万元的燃煤锅炉淘汰耗资对于现在经济不景气的企业来说，是一笔不小的负担，即使国家有政策扶持，但是考虑到目前天然气和煤气等气源供应紧张、价格较高、燃气运行成本远高于燃煤运行成本这些问题，企业淘汰更新燃煤锅炉的意愿和积极性实在不高。而参与此次改造的企事业单位，都是早就具备改造条件的，要么原锅炉已经到了使用年限，必须淘汰更新，要么是项目单位搬迁到其他地址或对原有建筑整体改造，需要拆除现有锅炉，新建锅炉已经纳入计划。所以，如果算这笔经济账不划算的时候，项目执行单位就会做出前文提到的先申报、后反悔的选择。因此，环保局采取了不主动与项目承担单位签订目标责任书、执行过程中不定期检查调度、项目完毕后不开展验收的方式。大多数项目单位在申报财政补助前，已经对燃煤锅炉改造完毕，或者正在进行中，完全不需要等待财政补助资金到位再开展项目，所以一旦项目申报得以批准，即使环保部门无所作为，项目完成也没有任何困难。

同时，负责查阅文字资料的审计员向审计组长汇报，从环保局向人大汇报工作的报告中发现，2013年完成的“煤改气”锅炉改造数量是6台，这与财政补贴的锅炉数量相差1台。其他文字资料中反映，有的写6台，有的写7台，数据的出入是疏忽笔误还是有另有玄机。

另外，从对环保局前任业务科长的约谈中发现，加入集中供暖根本不算“煤改气”改造，而某项目单位申报财政补贴“煤改气”，实际却是加入城市集中供暖。审计发现，某项目单位完全不符合政策标准，却申领了财政补贴91万元，并且环保部门对此心知肚明。至此，案件事实基本清晰。

四、出具审计报告与审计处理决定

审计组将审计发现的问题向审计局领导汇报会，依据审计查清的坐实问题，出具环保资金专项审计报告，并征求环保局对审计报告的意见，并下达审计处理决定。

（注：以上资料来自山东省审计厅网站[191]）

第二节 捕捉漏洞，促进项目健康发展——工程项目跟踪审计

一、民生工程项目跟踪审计背景

近年来，广西玉林市审计局不断扩大投资审计监督面，强化投资审计监督力度，对重大政府投资建设项目、社会关注度高的民生项目进行跟踪审计，为经济社会发展保驾护航。

玉林市某引水工程是玉林市利用外资建设的重大民生工程，是解决玉林市生产、生活用水，为经济社会发展提供基础保障的重点工程。该项目从贵港市引水至玉林城区，项目供水范围包括玉林城区及输水沿线有关乡镇。主要建设内容为：铺设引水主管线 73.20 千米，铺设配水管网 45.57 千米，建设泵站 3 座，扩建水厂 1 座。项目概算总投资 83 379.63 万元，资金来源包括日元贷款、财政拨款、业主自筹等。该项目最早的标段于 2008 年开工建设，2013 年全面展开建设，但项目建设推进并不顺利。玉林市政府要求玉林市审计局对该项目进行跟踪审计。

二、审计检查、问题发现

玉林市审计局成立专项审计组对该饮水工程项目实施跟踪审计。审计组通过前置审计介入点，从源头上加强监管，及时发现工程建设中存在的问题，促规范强整改，“防患于未然”。

该引水工程项目最早的标段于 2008 年开工建设，2013 年建设全面展开，至 2014 年 3 月审计进点时，引水主管线建设完成率仅为 52%，3 个泵站仅 1 个进行了部分施工，水厂扩建工程也刚开工不久，建设进度缓慢。

审计组通过实施施工现场检查，发现该项目施工进度缓慢，且存在资金不到位、征地拆迁不及时等问题，制约着项目建设推进进度。

审计人员经过仔细审查，发现项目招标（采购）资料提供不及时、不完整，部分招标（采购）标段未接受监管。

首先，建设单位未能按审计组的要求及时提供该项目全部施工、监理、设计、货物招标等合同对应的招投标（采购）档案资料，部分合同已签订也未履行招投标或政府采购程序；部分招标（采购）未报招标（采购）主管部门监管，乙级招标代理机构超越资质承接业务等问题。项目招标（采购）是否存在更多问题，有待进一步调查核实。

其次，审计发现，施工现场存在进场材料随意堆放，项目部、监理部管理人员较少，施工日记、监理日记未及时填写、记录内容不全等问题，这些都充分显示了建设、施工、

监理在建设管理、资料管理方面存在一定的问题。

三、利用AO开展招投标审计

截至审计进点时，建设单位在该项目中与相关单位共订立合同65个，其中国际招标合同3个，国内招标（采购）合同62个。为节约审计时间，提高审计效率，审计组决定运用AO（现场审计实施系统）开展引水工程招投标审计。利用AO强大的查询功能，查找出招投标中违反法律法规的内容及不按招标文件约定签订合同的条款，快速发现问题线索。主要步骤如下：

首先，根据该局制定的招投标审计作业模板及招投标法律法规制定招投标及合同管理情况表，将招标方式、代理机构资质、评标专家组成、发布公告时间、开标时间、中标公示时间、中标通知书发出时间、中标价、合同价等信息填列进该表，并将相应的定性、处理法规摘录进该表。

其次，利用数据采集功能把招、投标合同及管理情况表导入AO系统。

最后，利用SQL语句（如：Select * From [招投标情况$] WHERE 代理机构资质 not in (要求代理资质要求)）的筛选功能，对录入表格的信息进行查询，筛选出招投标中存在的问题。

利用AO系统，快速找出七个方面的问题：

（1）部分合同订立未接受招标（采购）主管部门监管。

（2）乙级招标代理机构超越资质承接招标代理业务。

（3）评标委员会人数不足、人员组成不符合规定。

（4）实质性响应招标文件的投标人不足3家仍继续评标确定中标人。

（5）招标公告（中标公告）不符合规定。

（6）预留给投标人的投标准备时间不符合规定。

（7）合同主要条款与招标文件不一致。

四、审计调查取证

为把招投标监管及合同备案问题查准、查实，审计组除根据建设单位提供的资料进行审计、询问招标代理及中标单位外，充分发挥部门联动的优势，发函到招投标主管部门、建设主管部门和政府采购主管部门，核实哪些合同的签订未履行招标（政府采购）程序，哪些虽进行了招标（政府采购）但未报招标（政府采购）主管部门监管，哪些合同未报建设主管部门备案，得到相关部门的配合与帮助，提高了审计质量和效率。

五、出具审计意见与审计整改建议

由于项目招投标存在问题多、涉及金额大，审计组报局业务会议讨论后，以审计要情的形式报市政府，建议市政府责令招标（采购）主管部门进一步调查处理；

建设单位及时对存在问题进行整改，完善制度。市领导批示：同意审计意见，国资委加强监管。随后审计组将问题移送招投标主管部门处理，招投标主管部门做出了处理：暂停2位评标专家1年的评标资格，暂停3家招标代理机构在玉林范围内1个月的招标代理资格，对1家招标代理机构进行通报批评，有效促进了招投标市场的规范有序。建设单位亦根据审计整改通知书的要求对问题进行了整改，并出台了公司内部招投标管理制度。

六、重服务、解难题、促建设

（一）解资金难题，促工程建设

从前期的审计调查中，审计组了解到项目资金紧缺，影响工程进度情况。对此，审计组继续深化现场调查，实地了解项目建设情况，切实体会资金紧缺给项目建设带来的影响，并通过财务审计切实掌握项目资金缺口情况：截至2014年2月28日，该项目到位资金57 880.67万元，资金缺口40 669.41万元。该局分别于2014年3月、2014年7月两次向市政府报送审计要情，指出项目资金运转困难，资金链“将断”，建议市政府全面统筹项目资金，加大财政资金扶持力度，解决资金缺口问题。市领导批示：审计工作及时、到位，高屋建瓴、切实可行。市领导的及时批示使资金短缺问题得到重视。同时，玉林市审计局加强与发改委部门的沟通，把该项目纳入西江经济带重点项目，争取到了西江经济带重点项目资金支持2 500万元，并获得中央投资补助300万元；且还积极与银行协调，银行同意推迟35 000万元借款到期还本时间，还本付息压力得到了一定的缓解。

（二）促土地征用，解管材供应难题，促工程建设

通过现场调查，与国土部门数据核对，审计人员查实项目征地不到位严重影响了项目的建设进度。另外，该项目管材采用日元贷款进行支付，由于日元下跌，中标商利益受损，故意延缓供货甚至停止供货，企图迫使市政府违反合同对汇率下降进行补偿，极大地影响了项目的推进。审计组了解到以上问题后及时报告局领导，以审计要情的形式报告市政府，提出了合理的建议。市领导批示审计工作及时、到位，并召开协调会要求国土部门落实责任、强化措施解决征地问题；项目主管部门、建设单位强化处理力度，督促管材中标商恢复正常供货。截至2014年9月30日，引水管线工程征地工作已全部完成，引水管线工程主管线铺设完成率由52%提升到76%。

七、促管理、强监督，严把工程质量关

（一）促整改，保质量

审计现场检查了解到某一泵站工程加压水池底板混凝土浇筑时未预埋部分池壁钢筋。对此审计组及时组织建设、设计、施工、监理单位召开协调会，要求建设单

位督促设计、施工单位尽快确定整改方案，确保工程质量，并将整改方案报建设主管部门备案。在审计组的重视下，建设、设计、施工、监理单位确定了整改方案，并通过建设主管部门备案，确保了工程质量。

（二）强考核，促管理

项目建设过程中，审计组对投标文件中承诺配备大量的高资质人员，进场时在人员数量和资质方面进行减少和降低，建设过程中再次对减少人员、投入低资质人员的顽疾开刀。对该项目所有施工、监理标段的投标人员、进场报批人员、实际在场人员进行对比分析，掌握了投标、进场报批、实际在场人员的数量和资质差异。审计人员还及时约谈施工、监理单位项目负责人，指出这种投标时承诺投入较多高职称管理人员，进场时数量和职称均达不到投标文件承诺，实际建设时又再次减少的做法给工程建设工作带来了较大的负面影响，故要求建设单位督促施工、监理单位进行整改，强化人员考核管理。经过整改，后期施工中施工、监理人员到位情况有了很大的改观。

八、加强资料检查监督，促进资料完善

根据市政工程资料管理规定，审计人员对施工、监理资料进行检查，重点关注签证资料的规范性，为后续的结算审计打下了基础。在检查过程中，审计人员发现部分收方签证未明确签证的原因和签证的具体依据；部分收方签证未经施工、监理和建设单位盖章；部分土方、石方的开挖收方签证未按清单规则计算，多计取放坡的工程量；监理日记未记录收方签证、旁站监理等内容；无监理平行试验的相关材料；未根据各标段施工内容的实际情况制定监理规划、监理细则等问题。审计组及时向建设单位、施工单位、监理单位指出，要求建设单位督促监理单位、施工单位强化资料管理，监理资料、施工资料逐步得到了完善。

通过对引水工程项目实施跟踪审计，该项目得以高质量推进。

（注：以上资料来自广西壮族自治区审计厅网站[1192]）

第三节　污水垃圾处理项目跟踪审计

一、审计项目背景

国家“十一五”规划纲要明确提出“十一五”期间单位 GDP 能耗降低 20% 左右，主要污染物的排放总量减少 10% 的目标。截至 2007 年底，A 省全省建制市、县城区的城镇污水集中处理率为 11.78%，远远低于 44.99% 的全国平均水平；城镇污水 COD 排放量为 45.50 万吨，占 COD 排放总量的 45%，而城镇 D 污水处理厂

COD削减量仅占全省COD削减总量的5.02%。此外，城镇生活垃圾无害化处理率为38.28%，也明显低于44.50%的全国平均水平。

国务院与A省政府签订责任状，要求A省必须加快城镇污水垃圾处理设施建设，提高城镇污水垃圾处理能力，以按时完成“十一五”节能减排任务。2008年，A省党委、政府出台《关于全面推进城镇污水生活垃圾处理设施建设的决定》，计划用5年的时间，在全省投资近180亿元，建设210个城镇污水垃圾处理设施项目。为保证建设项目的正常开展，提升公共财政资金绩效，提高环境保护的社会效益和生态效益，逐级政府间相应签订责任状，并决定全省各级审计机关要在省审计厅的领导下，统一组织对所有污水垃圾项目进行跟踪审计。

二、审计布局

A省审计厅在接受省政府的任务安排后，从2009年开始组织全省14个地级市和68个县的审计机关，采取“上审下”和“同级审”相结合的方式，对全省所有污水垃圾项目的建设和资金筹集、管理及使用情况进行跟踪审计。

2012年是全省对污水垃圾项目连续跟踪审计的第四年，也是最为关键的一年，是收官之年。四年来的跟踪审计，污水垃圾项目建设的成效如何，必须给省委、省政府一个明确而全面的答案。

A省审计厅制发了系列表格和填报说明，制定了统一的报告模板，下发全省各级审计机关，要求在规定的时间内完成当年的跟踪审计项目并向省审计厅报告。省审计厅将汇总全省污水垃圾项目的跟踪审计情况并向省政府报告。

B市是A省的首府城市，根据B市城市近期建设规划（2011—2015），以其发展现状和未来的发展方向推测，到2015年B市城市人口规模约为300万人，全市（6县6区）范围内总人口将达到800万人，城镇化水平将达到63%。对饮用水源的需求和保护迫在眉睫。为保证B市经济社会的健康发展，保护生态环境，保障民生，A省与B市均采取了一系列有力措施。如2008年，B市环保局印发了B市饮用水水源地环境保护规划编制工作实施方案等；2009年，B市人大通过并于当年施行了B市饮用水水源保护条例；2010年，省委、省政府审时度势，做出了将省水利厅管理的距B市区约18公里的一把湖水库划转B市管理。特别是一把湖水库划转B市管理后，B市在该水库建立了1 000万吨以上容量的一级饮用水源保护区。B市是A省的省会，关系重大，省审计厅决定直接对该市的部分重大污水垃圾项目进行跟踪审计。

为提高审计效率，找准突破口，以实现以点带面，个个击破的目的，审计组开展了审前调查。审计组首先到B市住建局污水垃圾办，了解全市污水垃圾项目的建设情况以及重大项目的布局，了解污水处理的现状和影响环境社会效益的技术关键点以及资金管理、使用和排污费的收取，政府采购等，并取得有关资料；然后分析材料，讨论并锁定重点审计对象为C工业园区D污水处理厂；最后编写审计实施方案，下发审计通知书。

三、审计疑惑

2012年8月13日，A省审计厅安排审计组正式进驻B市开始C工业园区污水垃圾处理项目跟踪审计。审计人员对D污水处理厂开展跟踪审计工作。在调阅大量资料后，审计组长召开审计会议，收集审计资料查阅情况，提出审计设想。在充分讨论后，审计组划分成3个小组：第一小组负责环境监测审计；第二小组负责基建工程审计；第三小组负责资金收费审计。各小组各司其责，分工协作，发现了不少问题。

第三小组：采集财务数据，计算污水处理设施的运行收入和成本，检查污水处理费征收和管理、使用情况，分析D污水处理厂是否具备持续经营的能力和条件。审计三组在查阅资料时发现工业园区2011年市政供水量为120万吨、自备水源供水量为780万吨、园区外供水量为100万吨，共计1 000万吨。按每吨0.8元计算，应征收污水处理费800万元，但D污水处理厂并没有委托自来水厂从供水量中随征污水处理费，到审计时止，账面污水处理费收入仍然为0。那么为什么工业园区没有开征污水处理费？

第一小组：第三小组信息传递到第一小组，该小组则先调阅了D污水处理厂建厂的可行性研究报告，审查D污水处理厂的建设状况和运行资料，检查污水处理能力是否达到设计要求。审计小组采集了该厂的业务数据，运用AO转换生成图表，并将设计能力的数据导入，将两者比对，发现该厂日均污水进水量基本维持在0.3万吨，与可行性研究报告要求的设计进水量3万吨/日相比，仅达到10%，在污水进水量记录中，最高记录为1万吨/日。审计小组于是深入污水处理现场，测试污水泵运转性能，使用水平仪和全站仪来测量污水处理池的容量，计算污水处理能力和设计达标情况，核实污水处理记录。经审计，审计人员采集的业务数据没有问题。审计一组没有就此结束，他们认为，豪雨过后来测量D污水处理厂的污水进水量，可能会有雨水混入，造成数据不准。审计一组于是在天晴三天后，持续五天测量污水进水量，发现一直维持很小的进水量，基本上是日均0.2万吨。为什么进水量这么小？与工业园区没有开征污水处理费有关吗？

第二小组：审计一组和三组信息传递到二组，该小组于是从D污水处理厂取得了工程初步设计图，也取得了经审图公司审查、建管部门审批通过的施工图，调阅了工程招投标材料，审查了工程的监理记录和工程竣工资料。合同规定提升泵站土建工程和配套截流管网必须于2011年9月20日竣工，审计查阅有关验收资料，至审计时止，污水处理建设项目分部分项工程中，有些已经验收但没有进行财务决算，有些已经竣工但未验收，没有发现在建工程。审计人员于是带着图纸，沿着图纸标注的坐标点和管网线路，运用探伤仪探测和实地查看，审查排污管网是否已全部建成，检测在无雨情况下沟渠是否有污水直接排放情况。审计发现，较大一部分的管网并没有施工，根本无法接纳污水进入D污水处理厂。为什么没有施工的管网也报告已经建成？有什么隐情吗？

四、审计关联

为了解开上述审计谜团，审计组集思广益，理清思路，针对审计发现的异常现象，决定采用逆向分析与根源追溯法，把各审计小组发现的问题进行关联：

工业园区没有开征污水处理费—污水没有进入D污水处理厂—配套管网没有建成—但是验收材料显示已经竣工—实际是部分项工程根本没有施工，有什么隐情吗？

通过审计的关联，审计组都感觉到了问题的严重性。带着问题，审计组分头出击，分别到A省水利厅、住建厅、国土资源厅、环保厅、测绘地理信息局和B市国土资源局、城市勘查测绘信息院、政府采购监督管理处等有关部门，或向有关专家请教，或延伸审计取得与C工业园区污水处理工程建设项目有关的资料，并向有关人员询问污水处理的问题等。

延伸审计过程中，当第二小组再次途经一把湖水库时，审计进点时看到的烤鱼、喝酒等场景没有了，但从湖面吹来的阵阵微风里，阵阵酒味依旧。怎么到处都是酒味？难道这湖水有问题？

当审计组再次开会讨论时，形成了共识：一是C工业园区管委会可能有问题；二是业主建设资金管理可能有问题；三是D污水处理厂运营可能有问题；四是污水排放大户可能有问题。

五、审计深入

为了弄清楚上述审计疑问，审计组进行了“四深入”。

（1）深入C工业园区管委会。审计其会计账簿和财政补助收入，核实其没有开征污水处理费，D污水处理厂也没有上缴污水处理费，D污水处理厂还通过C工业园区管委会向财政打报告申请财政补助，以弥补污水处理的运营成本。管委会也避免在征收排污企业的费用时，加大其成本，影响税收收入，影响绩效考评。

（2）深入业主E开发投资有限公司。该公司为C工业园区公司，代行污水处理建设项目投资业主的职能。经审计，公司的财务至审计时止，发现该公司账面上滞留污水处理工程的国债专项资金550万元，属于应付未付工程进度款，但已被用于存定期。而主管局也欠E公司的污水处理建设项目专项资金850万元未下拨，但已被用于购买理财产品。

（3）深入D污水处理厂。审计发现，由于拖欠工程款，施工队停工，截流管网差最后500米未能全线贯通，而已经验收的部分管网也被施工队堵住，所以D污水处理厂是无法按照设计能力发挥作用的。由于没有处理污水，也就不能收取排污厂家的处理费。当然运营成本刚性支出导致赤字，还是需要财政来补贴的，这比乞讨式的向各排污企业收取费用容易得多。

（4）深入F生化科技股份有限公司。审计从C工业园区管委会获取了园内各企业名录，从D污水处理厂的建设可行性研究报告中查找排污大户，确定F生化科技股份有限公司是D污水处理厂污水来源的主要排放企业。该公司每天平均产生工业废水超过1.5万吨，占到D污水处理厂设计进水量3万吨/日的50%以上，而数据显示其根本没有向D污水处理厂排放污水。那么这个公司的污水排到哪里了呢？后果又是什么呢？

六、借力外脑

为解决上述问题，审计组请到了G环境科技公司的专家，他们带着仪器和检测试剂，与审计组的同志按照排污管网设计图的走向，逆向找到了F生化科技股份有限公司（以下简称F公司），中途用仪器探测到连接该公司的管网根本没有建设。该公司主要生产淀粉和酒精，每天平均产生工业废水近1.5万吨。2011年以前，该公司的废水通过管道输送到氧化塘中进行生化处理，报经环境保护及水政管理部门同意后排入一把湖水库；2011年1月后，一把湖已经建设成为B市的一级饮用水源保护区，环境保护部门不再允许该生化公司将生产废水排入该水库。除了D污水处理厂的配套管网没有建设接通到该F公司外，F公司的废水处理设施也尚未完工，对废水无法作预处理，无法直接排入工业区的污水管道，只能长期存储在一把湖上湖顶部东杯塘、南杯塘、西杯塘、北杯塘等4个山塘改造而成的氧化塘内。审计人员与G环境科技公司的专家实地查看了4个氧化塘的存储情况。经G环境科技公司专家测量和计算，4个氧化塘已存储了历年废水450万吨。按氧化塘总储量500万吨计算，剩余50万吨的容量仅可供F公司一个多月的废水排放。4个杯氧化塘海拔远远高于一把湖水库，该水库则成了氧化塘废水外排的唯一汇集地。4个氧化塘存储的生产废水，对一把湖水库水质安全构成了巨大的威胁。专家鉴定结论：

（1）氧化塘池底及坝体未进行防渗透技术处理，废水已渗透进入一把湖水库。

（2）南方多雨，大量降雨随时都会导致存储在氧化塘中的废水水平面提高而溢出并排入一把湖水库。

（3）检测一把湖水样，已经受到F公司排入酒精废水的严重污染。

经过专家的权威解释，F公司承认其污水没有排入D污水处理厂的事实，同时也承认山塘的部分污水已经在大雨中漫堤流入了一把湖。并解释说：其实排污配套管网没有全线贯通，对F公司是一个“利好消息”，公司不用花费那么多钱，经过几道工艺程序来处理淀粉和酒精废水，然后还要花费一大笔钱交给D污水处理厂对其所排污水进行二次处理。

七、审计揭秘

审计组通过审计关联和审计深入，掌握大量翔实的数据和证明性材料，通过筛选、归类，按照审计证据重要性和相关性的原则，制作了大量的审计取证记录表。为确保审计结果不出现反弹，审计人员把所有的审计证据进一步核实，并取得了被审计单位或延伸单位的签字盖章予以确认。至此，审计组终于揭开了C工业园区D污水处理厂进水量不足的秘密，同时也发现F公司存放废水威胁水库安全的重大问题。

核心问题：E开发投资有限公司由于上级主管局拖欠污水处理工程建设资金，其账面上的应付工程款也不付，并为谋取短期单位利益而将工程建设专项资金用于存定期，导致施工方停建污水处理配套管网，已建成管网也进行了封堵。

引发问题：C工业园区D污水处理厂配套管网不通，排污企业污水无法进入D污水处理厂，C工业园区管委会不能向排污企业开征污水处理费，D污水处理厂通过管委会向财政申请运营成本弥补比向企业收费更为容易。至于部分配套排污管网没有施工也报告已经竣工，则是建设程序规定了完成日期，并且有关部门对其绩效进行考核，管委会的政绩比业绩更重要。

危机问题：配套排污管网不通，排污大户F公司污水既不用自己处理，也不用交费给D污水处理厂处理，直接排入氧化山塘存储，储量超过最高容量警戒，污水通过塘底渗透和坝顶溢出排入B市一级饮用水源地一把湖，而后再流入B市的母亲河大东江，相继造成一级饮用水系的污染，严重威胁全市290万人口的生命健康安全。

八、审计成果

审计组把审计发现的问题写成口头交换意见稿，召开审计情况通报会，向有关部门和单位的负责人以及财务人员通报并沟通。

A省审计厅对审计组发现的问题极为重视，召开党组会研究，决定以最快的速度向省委省政府专报《审计要情》和A省审计厅互联网信息上报后，引起了省委省政府的高度重视。A省书记、副书记、省长和3位副省长对《审计要情》做出了重要批示，要求有关部门迅速召开联席会议及时对存在问题进行整改。

（1）F公司。该公司采取如下措施：其一，立即停止向4个氧化塘排放生产废水，并把塘中污水抽回厂区处理，降低氧化塘污水水位；其二，加快F公司厂内废水处理设施建设，审计后一个月内，厂内废水处理设施正式投入生产运行；其三，生产废水经初步处理后排到工业区 D 污水处理厂进行处理，停止向氧化塘排放。

（2）E 开发投资有限公司。该公司收到了主管部门拨付其拖欠的建设资金，公司也收回了存定期的污水处理工程国债专项资金，拖欠施工单位的所有资金一次性拨付。施工单位日夜施工，审计后一个月内，所有工程全部竣工并通过验收投入使用。

（3）D 污水处理厂。审计后一个月内，完成厂内废水处理设施工程建设和设备的安装调试。当审计后续检查时，污水泵站运行正常，已基本能满足 D 污水处理厂的进水需求。

（4)C 工业区管理委员会。制定出台规范性文件，开征污水处理费，审计二个月后，已收到污水处理费 200 多万元。

（注：以上资料来自广西壮族自治区审计厅网站 [193]）

附录A 中华人民共和国国家审计准则（2010年）

中华人民共和国国家审计准则

目　录

第一章　总　则

第二章　审计机关和审计人员

第三章　审计计划

第四章　审计实施

　第一节　审计实施方案

　第二节　审计证据

　第三节　审计记录

　第四节　重大违法行为检查

第五章　审计报告

　第一节　审计报告的形式和内容

　第二节　审计报告的编审

　第三节　专题报告与综合报告

　第四节　审计结果公布

　第五节　审计整改检查

第六章　审计质量控制和责任
第七章　附　则

第一章　总　则

第一条　为了规范和指导审计机关和审计人员执行审计业务的行为，保证审计质量，防范审计风险，发挥审计保障国家经济和社会健康运行的“免疫系统”功能，根据《中华人民共和国审计法》《中华人民共和国审计法实施条例》和其他有关法律法规，制定本准则。

第二条　本准则是审计机关和审计人员履行法定审计职责的行为规范，是执行审计业务的职业标准，是评价审计质量的基本尺度。

第三条　本准则中使用“应当”“不得”词汇的条款为约束性条款，是审计机关和审计人员执行审计业务必须遵守的职业要求。

本准则中使用“可以”词汇条款为指导性条款，是对良好审计实务的推介。

第四条　审计机关和审计人员执行审计业务，应当适用本准则。其他组织或者人员接受审计机关的委托、聘用，承办或者参加审计业务，也适用本准则。

第五条　审计机关和审计人员执行审计业务，应当区分被审计单位的责任和审计机关的责任。

在财政收支、财务收支以及有关经济活动中，履行法定职责、遵守相关法律法规、建立并实施内部控制、按照有关会计准则和会计制度编报财务会计报告、保持财务会计资料的真实性和完整性，是被审计单位的责任。

依据法律法规和本准则的规定，对被审计单位财政收支、财务收支以及有关经济活动独立实施审计并作出审计结论，是审计机关的责任。

第六条　审计机关的主要工作目标是通过监督被审计单位财政收支、财务收支以及有关经济活动的真实性、合法性、效益性，维护国家经济安全，推进民主法治，促进廉政建设，保障国家经济和社会健康发展。

真实性是指反映财政收支、财务收支以及有关经济活动的信息与实际情况相符合的程度。

合法性是指财政收支、财务收支以及有关经济活动遵守法律、法规或者规章的情况。

效益性是指财政收支、财务收支以及有关经济活动实现的经济效益、社会效益和环境效益。

第七条　审计机关对依法属于审计机关审计监督对象的单位、项目、资金进行审计。

审计机关按照国家有关规定，对依法属于审计机关审计监督对象的单位的主要负责人经济责任进行审计。

第八条 审计机关依法对预算管理或者国有资产管理使用等与国家财政收支有关的特定事项向有关地方、部门、单位进行专项审计调查。

审计机关进行专项审计调查时，也应当适用本准则。

第九条 审计机关和审计人员执行审计业务，应当依据年度审计项目计划，编制审计实施方案，获取审计证据，作出审计结论。

审计机关应当委派具备相应资格和能力的审计人员承办审计业务，并建立和执行审计质量控制制度。

第十条 审计机关依据法律法规规定，公开履行职责的情况及其结果，接受社会公众的监督。

第十一条 审计机关和审计人员未遵守本准则约束性条款的，应当说明原因。

第二章 审计机关和审计人员

第十二条 审计机关和审计人员执行审计业务，应当具备本准则规定的资格条件和职业要求。

第十三条 审计机关执行审计业务，应当具备下列资格条件：

（一）符合法定的审计职责和权限；

（二）有职业胜任能力的审计人员；

（三）建立适当的审计质量控制制度；

（四）必需的经费和其他工作条件。

第十四条 审计人员执行审计业务，应当具备下列职业要求：

（一）遵守法律法规和本准则；

（二）恪守审计职业道德；

（三）保持应有的审计独立性；

（四）具备必需的职业胜任能力；

（五）其他职业要求。

第十五条 审计人员应当恪守严格依法、正直坦诚、客观公正、勤勉尽责、保守秘密的基本审计职业道德。

严格依法就是审计人员应当严格依照法定的审计职责、权限和程序进行审计监督，规范审计行为。

正直坦诚就是审计人员应当坚持原则，不屈从于外部压力；不歪曲事实，不隐瞒审计发现问题；廉洁自律，不利用职权谋取私利；维护国家利益和公共利益。

客观公正就是审计人员应当保持客观公正的立场和态度，以适当、充分的审计证据支持审计结论，实事求是地作出审计评价和处理审计发现的问题。

勤勉尽责就是审计人员应当爱岗敬业，勤勉高效，严谨细致，认真履行审计职责，保证审计工作质量。

保守秘密就是审计人员应当保守其在执行审计业务中知悉的国家秘密、商业秘密；对于执行审计业务取得的资料、形成的审计记录和掌握的相关情况，未经批准不得对外提供和披露，不得用于与审计工作无关的目的。

第十六条　审计人员执行审计业务时，应当保持应有的审计独立性，遇有下列可能损害审计独立性情形的，应当向审计机关报告：

（一）与被审计单位负责人或者有关主管人员有夫妻关系、直系血亲关系、三代以内旁系血亲以及近姻亲关系；

（二）与被审计单位或者审计事项有直接经济利益关系；

（三）对曾经管理或者直接办理过的相关业务进行审计；

（四）可能损害审计独立性的其他情形。

第十七条　审计人员不得参加影响审计独立性的活动，不得参与被审计单位的管理活动。

第十八条　审计机关组成审计组时，应当了解审计组成员可能损害审计独立性的情形，并根据具体情况采取下列措施，避免损害审计独立性：

（一）依法要求相关审计人员回避；

（二）对相关审计人员执行具体审计业务的范围作出限制；

（三）对相关审计人员的工作追加必要的复核程序；

（四）其他措施。

第十九条　审计机关应当建立审计人员交流等制度，避免审计人员因执行审计业务长期与同一被审计单位接触可能对审计独立性造成的损害。

第二十条　审计机关可以聘请外部人员参加审计业务或者提供技术支持、专业咨询、专业鉴定。

审计机关聘请的外部人员应当具备本准则第十四条规定的职业要求。

第二十一条　有下列情形之一的外部人员，审计机关不得聘请：

（一）被刑事处罚的；

（二）被劳动教养的；

（三）被行政拘留的；

（四）审计独立性可能受到损害的；

（五）法律规定不得从事公务的其他情形。

第二十二条　审计人员应当具备与其从事审计业务相适应的专业知识、职业能力和工作经验。

审计机关应当建立和实施审计人员录用、继续教育、培训、业绩评价考核和奖惩激励制度，确保审计人员具有与其从事业务相适应的职业胜任能力。

第二十三条 审计机关应当合理配备审计人员，组成审计组，确保其在整体上具备与审计项目相适应的职业胜任能力。

被审计单位的信息技术对实现审计目标有重大影响的，审计组的整体胜任能力应当包括信息技术方面的胜任能力。

第二十四条 审计人员执行审计业务时，应当合理运用职业判断，保持职业谨慎，对被审计单位可能存在的重要问题保持警觉，并审慎评价所获取审计证据的适当性和充分性，得出恰当的审计结论。

第二十五条 审计人员执行审计业务时，应当从下列方面保持与被审计单位的工作关系：

（一）与被审计单位沟通并听取其意见；

（二）客观公正地作出审计结论，尊重并维护被审计单位的合法权益；

（三）严格执行审计纪律；

（四）坚持文明审计，保持良好的职业形象。

第三章 审计计划

第二十六条 审计机关应当根据法定的审计职责和审计管辖范围，编制年度审计项目计划。

编制年度审计项目计划应当服务大局，围绕政府工作中心，突出审计工作重点，合理安排审计资源，防止不必要的重复审计。

第二十七条 审计机关按照下列步骤编制年度审计项目计划：

（一）调查审计需求，初步选择审计项目；

（二）对初选审计项目进行可行性研究，确定备选审计项目及其优先顺序；

（三）评估审计机关可用审计资源，确定审计项目，编制年度审计项目计划。

第二十八条 审计机关从下列方面调查审计需求，初步选择审计项目：

（一）国家和地区财政收支、财务收支以及有关经济活动情况；

（二）政府工作中心；

（三）本级政府行政首长和相关领导机关对审计工作的要 求；

（四）上级审计机关安排或者授权审计的事项；

（五）有关部门委托或者提请审计机关审计的事项；

（六）群众举报、公众关注的事项；

（七）经分析相关数据认为应当列入审计的事项；

（八）其他方面的需求。

第二十九条 审计机关对初选审计项目进行可行性研究，确定初选审计项目的审计目标、审计范围、审计重点和其他重要事项。

进行可行性研究重点调查研究下列内容：

（一）与确定和实施审计项目相关的法律法规和政策；

（二）管理体制、组织结构、主要业务及其开展情况；

（三）财政收支、财务收支状况及结果；

（四）相关的信息系统及其电子数据情况；

（五）管理和监督机构的监督检查情况及结果；

（六）以前年度审计情况；

（七）其他相关内容。

第三十条　审计机关在调查审计需求和可行性研究过程中，从下列方面对初选审计项目进行评估，以确定备选审计项目及其优先顺序：

（一）项目重要程度，评估在国家经济和社会发展中的重要性、政府行政首长和相关领导机关及公众关注程度、资金和资产规模等；

（二）项目风险水平，评估项目规模、管理和控制状况等；

（三）审计预期效果；

（四）审计频率和覆盖面；

（五）项目对审计资源的要求。

第三十一条　年度审计项目计划应当按照审计机关规定的程序审定。

审计机关在审定年度审计项目计划前，根据需要，可以组织专家进行论证。

第三十二条　下列审计项目应当作为必选审计项目：

（一）法律法规规定每年应当审计的项目；

（二）本级政府行政首长和相关领导机关要求审计的项目；

（三）上级审计机关安排或者授权的审计项目。

审计机关对必选审计项目，可以不进行可行性研究。

第三十三条　上级审计机关直接审计下级审计机关审计管辖范围内的重大审计事项，应当列入上级审计机关年度审计项目计划，并及时通知下级审计机关。

第三十四条　上级审计机关可以依法将其审计管辖范围内的审计事项，授权下级审计机关进行审计。对于上级审计机关审计管辖范围内的审计事项，下级审计机关也可以提出授权申请，报有管辖权的上级审计机关审批。

获得授权的审计机关应当将授权的审计事项列入年度审计项目计划。

第三十五条　根据中国政府及其机构与国际组织、外国政府及其机构签订的协议和上级审计机关的要求，审计机关确定对国际组织、外国政府及其机构援助、贷款项目进行审计的，应当纳入年度审计项目计划。

第三十六条　对于预算管理或者国有资产管理使用等与国家财政收支有关的特

定事项，符合下列情形的，可以进行专项审计调查：

（一）涉及宏观性、普遍性、政策性或者体制、机制问题的；

（二）事项跨行业、跨地区、跨单位的；

（三）事项涉及大量非财务数据的；

（四）其他适宜进行专项审计调查的。

第三十七条 审计机关年度审计项目计划的内容主要包括：

（一）审计项目名称；

（二）审计目标，即实施审计项目预期要完成的任务和结果；

（三）审计范围，即审计项目涉及的具体单位、事项和所属期间；

（四）审计重点；

（五）审计项目组织和实施单位；

（六）审计资源。

采取跟踪审计方式实施的审计项目，年度审计项目计划应当列明跟踪的具体方式和要求。

专项审计调查项目的年度审计项目计划应当列明专项审计调查的要求。

第三十八条 审计机关编制年度审计项目计划可以采取文字、表格或者两者相结合的形式。

第三十九条 审计机关计划管理部门与业务部门或者派出机构，应当建立经常性的沟通和协调机制。

调查审计需求、进行可行性研究和确定备选审计项目，以业务部门或者派出机构为主实施；备选审计项目排序、配置审计资源和编制年度审计项目计划草案，以计划管理部门为主实施。

第四十条 审计机关根据项目评估结果，确定年度审计项目计划。

第四十一条 审计机关应当将年度审计项目计划报经本级政府行政首长批准并向上一级审计机关报告。

第四十二条 审计机关应当对确定的审计项目配置必要的审计人力资源、审计时间、审计技术装备、审计经费等审计资源。

第四十三条 审计机关同一年度内对同一被审计单位实施不同的审计项目，应当在人员和时间安排上进行协调，避免给被审计单位工作带来不必要的影响。

第四十四条 审计机关应当将年度审计项目计划下达审计项目组织和实施单位执行。

年度审计项目计划一经下达，审计项目组织和实施单位应当确保完成，不得擅自变更。

第四十五条 年度审计项目计划执行过程中，遇有下列情形之一的，应当按照原审批程序调整：

（一）本级政府行政首长和相关领导机关临时交办审计项目的；

（二）上级审计机关临时安排或者授权审计项目的；

（三）突发重大公共事件需要进行审计的；

（四）原定审计项目的被审计单位发生重大变化，导致原计划无法实施的；

（五）需要更换审计项目实施单位的；

（六）审计目标、审计范围等发生重大变化需要调整的；

（七）需要调整的其他情形。

第四十六条　上级审计机关应当指导下级审计机关编制年度审计项目计划，提出下级审计机关重点审计领域或者审计项目安排的指导意见。

第四十七条　年度审计项目计划确定审计机关统一组织多个审计组共同实施一个审计项目或者分别实施同一类审计项目的，审计机关业务部门应当编制审计工作方案。

第四十八条　审计机关业务部门编制审计工作方案，应当根据年度审计项目计划形成过程中调查审计需求、进行可行性研究的情况，开展进一步调查，对审计目标、范围、重点和项目组织实施等进行确定。

第四十九条　审计工作方案的内容主要包括：

（一）审计目标；

（二）审计范围；

（三）审计内容和重点；

（四）审计工作组织安排；

（五）审计工作要求。

第五十条　审计机关业务部门编制的审计工作方案应当按照审计机关规定的程序审批。在年度审计项目计划确定的实施审计起始时间之前，下达到审计项目实施单位。

审计机关批准审计工作方案前，根据需要，可以组织专家进行论证。

第五十一条　审计机关业务部门根据审计实施过程中情况的变化，可以申请对审计工作方案的内容进行调整，并按审计机关规定的程序报批。

第五十二条　审计机关应当定期检查年度审计项目计划执行情况，评估执行效果。

审计项目实施单位应当向下达审计项目计划的审计机关报告计划执行情况。

第五十三条　审计机关应当按照国家有关规定，建立和实施审计项目计划执行情况及其结果的统计制度。

第四章　审 计 实 施

第一节　审计实施方案

第五十四条　审计机关应当在实施项目审计前组成审计组。

审计组由审计组组长和其他成员组成。审计组实行审计组组长负责制。审计组组长由审计机关确定，审计组组长可以根据需要在审计组成员中确定主审，主审应当履行其规定职责和审计组组长委托履行的其他职责。

第五十五条　审计机关应当依照法律法规的规定，向被审计单位送达审计通知书。

第五十六条　审计通知书的内容主要包括被审计单位名称、审计依据、审计范围、审计起始时间、审计组组长及其他成员名单和被审计单位配合审计工作的要求。同时，还应当向被审计单位告知审计组的审计纪律要求。

采取跟踪审计方式实施审计的，审计通知书应当列明跟踪审计的具体方式和要求。

专项审计调查项目的审计通知书应当列明专项审计调查的要求。

第五十七条　审计组应当调查了解被审计单位及其相关情况，评估被审计单位存在重要问题的可能性，确定审计应对措施，编制审计实施方案。

对于审计机关已经下达审计工作方案的，审计组应当按照审计工作方案的要求编制审计实施方案。

第五十八条　审计实施方案的内容主要包括：

（一）审计目标；

（二）审计范围；

（三）审计内容、重点及审计措施，包括审计事项和根据本准则第七十三条确定的审计应对措施；

（四）审计工作要求，包括项目审计进度安排、审计组内部重要管理事项及职责分工等。

采取跟踪审计方式实施审计的，审计实施方案应当对整个跟踪审计工作作出统筹安排。

专项审计调查项目的审计实施方案应当列明专项审计调查的要求。

第五十九条　审计组调查了解被审计单位及其相关情况，为作出下列职业判断提供基础：

（一）确定职业判断适用的标准；

（二）判断可能存在的问题；

（三）判断问题的重要性；

（四）确定审计应对措施。

第六十条　审计人员可以从下列方面调查了解被审计单位及其相关情况：

（一）单位性质、组织结构；

（二）职责范围或者经营范围、业务活动及其目标；

（三）相关法律法规、政策及其执行情况；

（四）财政财务管理体制和业务管理体制；

（五）适用的业绩指标体系以及业绩评价情况；

（六）相关内部控制及其执行情况；

（七）相关信息系统及其电子数据情况；

（八）经济环境、行业状况及其他外部因素；

（九）以往接受审计和监管及其整改情况；

（十）需要了解的其他情况。

第六十一条　审计人员可以从下列方面调查了解被审计单位相关内部控制及其执行情况：

（一）控制环境，即管理模式、组织结构、责权配置、人力资源制度等；

（二）风险评估，即被审计单位确定、分析与实现内部控制目标相关的风险，以及采取的应对措施；

（三）控制活动，即根据风险评估结果采取的控制措施，包括不相容职务分离控制、授权审批控制、资产保护控制、预算控制、业绩分析和绩效考评控制等；

（四）信息与沟通，即收集、处理、传递与内部控制相关的信息，并能有效沟通的情况；

（五）对控制的监督，即对各项内部控制设计、职责及其履行情况监督检查。

第六十二条　审计人员可以从下列方面调查了解被审计单位信息系统控制情况：

（一）一般控制，即保障信息系统正常运行的稳定性、有效性、安全性等方面的控制；

（二）应用控制，即保障信息系统产生的数据的真实性、完整性、可靠性等方面的控制。

第六十三条　审计人员可采取下列方法调查了解被审计单位及其相关情况：

（一）书面或者口头询问被审计单位内部和外部相关人员；

（二）检查有关文件、报告、内部管理手册、信息系统技术文档和操作手册；

（三）观察有关业务活动及其场所、设施和有关内部控制的执行情况；

（四）追踪有关业务的处理过程；

（五）分析相关数据。

第六十四条　审计人员根据审计目标和被审计单位的实际情况，运用职业判断确定调查了解的范围和程度。

对于定期审计项目，审计人员可以利用以往审计中获得的信息，重点调查了解已经发生变化的情况。

第六十五条 审计人员在调查了解被审计单位及其相关情况的过程中，可以选择下列标准作为职业判断的依据：

（一）法律、法规、规章和其他规范性文件；

（二）国家有关方针和政策；

（三）会计准则和会计制度；

（四）国家和行业的技术标准；

（五）预算、计划和合同；

（六）被审计单位的管理制度和绩效目标；

（七）被审计单位的历史数据和历史业绩；

（八）公认的业务惯例或者良好实务；

（九）专业机构或者专家的意见；

（十）其他标准。

审计人员在审计实施过程中需要持续关注标准的适用性。

第六十六条 职业判断所选择的标准应当具有客观性、适用性、相关性、公认性。

标准不一致时，审计人员应当采用权威的和公认程度高的标准。

第六十七条 审计人员应当结合适用的标准，分析调查了解的被审计单位及其相关情况，判断被审计单位可能存在的问题。

第六十八条 审计人员应当运用职业判断，根据可能存在问题的性质、数额及其发生的具体环境，判断其重要性。

第六十九条 审计人员判断重要性时，可以关注下列因素：

（一）是否属于涉嫌犯罪的问题；

（二）是否属于法律法规和政策禁止的问题；

（三）是否属于故意行为所产生的问题；

（四）可能存在问题涉及的数量或者金额；

（五）是否涉及政策、体制或者机制的严重缺陷；

（六）是否属于信息系统设计缺陷；

（七）政府行政首长和相关领导机关及公众的关注程度；

（八）需要关注的其他因素。

第七十条 审计人员实施审计时，应当根据重要性判断的结果，重点关注被审计单位可能存在的重要问题。

第七十一条 需要对财务报表发表审计意见的，审计人员可以参照中国注册会计师执业准则的有关规定确定和运用重要性。

第七十二条　审计组应当评估被审计单位存在重要问题的可能性，以确定审计事项和审计应对措施。

第七十三条　审计组针对审计事项确定的审计应对措施包括：

（一）评估对内部控制的依赖程度，确定是否及如何测试相关内部控制的有效性；

（二）评估对信息系统的依赖程度，确定是否及如何检查相关信息系统的有效性、安全性；

（三）确定主要审计步骤和方法；

（四）确定审计时间；

（五）确定执行的审计人员；

（六）其他必要措施。

第七十四条　审计组在分配审计资源时，应当为重要审计事项分派有经验的审计人员和安排充足的审计时间，并评估特定审计事项是否需要利用外部专家的工作。

第七十五条　审计人员认为存在下列情形之一的，应当测试相关内部控制的有效性：

（一）某项内部控制设计合理且预期运行有效，能够防止重要问题的发生；

（二）仅实施实质性审查不足以为发现重要问题提供适当、充分的审计证据。

审计人员决定不依赖某项内部控制的，可对审计事项直接进行实质性审查。

被审计单位规模较小、业务比较简单的，审计人员可以对审计事项直接进行实质性审查。

第七十六条　审计人员认为存在下列情形之一的，应当检查相关信息系统的有效性、安全性：

（一）仅审计电子数据不足以为发现重要问题提供适当、充分的审计证据；

（二）电子数据中频繁出现某类差异。

审计人员在检查被审计单位相关信息系统时，可以利用被审计单位信息系统的现有功能或者采用其他计算机技术和工具，检查中应当避免对被审计单位相关信息系统及其电子数据造成不良影响。

第七十七条　审计人员实施审计时，应当持续关注已作出的重要性判断和对存在重要问题可能性的评估是否恰当，及时作出修正，并调整审计应对措施。

第七十八条　遇有下列情形之一的，审计组应当及时调整审计实施方案：

（一）年度审计项目计划、审计工作方案发生变化的；

（二）审计目标发生重大变化的；

（三）重要审计事项发生变化的；

（四）被审计单位及其相关情况发生重大变化的；

（五）审计组人员及其分工发生重大变化的；

（六）需要调整的其他情形。

第七十九条 一般审计项目的审计实施方案应当经审计组组长审定，并及时报审计机关业务部门备案。

重要审计项目的审计实施方案应当报经审计机关负责人审定。

第八十条 审计组调整审计实施方案中的下列事项，应当报经审计机关主要负责人批准：

（一）审计目标；

（二）审计组组长；

（三）审计重点；

（四）现场审计结束时间。

第八十一条 编制和调整审计实施方案可以采取文字、表格或者两者相结合的形式。

第二节 审计证据

第八十二条 审计证据是指审计人员获取的能够为审计结论提供合理基础的全部事实，包括审计人员调查了解被审计单位及其相关情况和对确定的审计事项进行审查所获取的证据。

第八十三条 审计人员应当依照法定权限和程序获取审计证据。

第八十四条 审计人员获取的审计证据，应当具有适当性和充分性。

适当性是对审计证据质量的衡量，即审计证据在支持审计结论方面具有的相关性和可靠性。相关性是指审计证据与审计事项及其具体审计目标之间具有实质性联系。可靠性是指审计证据真实、可信。

充分性是对审计证据数量的衡量。审计人员在评估存在重要问题的可能性和审计证据质量的基础上，决定应当获取审计证据的数量。

第八十五条 审计人员对审计证据的相关性分析时，应当关注下列方面：

（一）一种取证方法获取的审计证据可能只与某些具体审计目标相关，而与其他具体审计目标无关；

（二）针对一项具体审计目标可以从不同来源获取审计证据或者获取不同形式的审计证据。

第八十六条 审计人员可以从下列方面分析审计证据的可靠性：

（一）从被审计单位外部获取的审计证据比从内部获取的审计证据更可靠；

（二）内部控制健全有效情况下形成的审计证据比内部控制缺失或者无效情况下形成的审计证据更可靠；

（三）直接获取的审计证据比间接获取的审计证据更可靠；

（四）从被审计单位财务会计资料中直接采集的审计证据比经被审计单位加工处理后提交的审计证据更可靠；

（五）原件形式的审计证据比复制件形式的审计证据更可靠。

不同来源和不同形式的审计证据存在不一致或者不能相互印证时，审计人员应当追加必要的审计措施，确定审计证据的可靠性。

第八十七条　审计人员获取的电子审计证据包括与信息系统控制相关的配置参数、反映交易记录的电子数据等。

采集被审计单位电子数据作为审计证据的，审计人员应当记录电子数据的采集和处理过程。

第八十八条　审计人员根据实际情况，可以在审计事项中选取全部项目或者部分特定项目进行审查，也可以进行审计抽样，以获取审计证据。

第八十九条　存在下列情形之一的，审计人员可以对审计事项中的全部项目进行审查：

（一）审计事项由少量大额项目构成的；

（二）审计事项可能存在重要问题，而选取其中部分项目进行审查无法提供适当、充分的审计证据的；

（三）对审计事项中的全部项目进行审查符合成本效益原则的。

第九十条　审计人员可以在审计事项中选取下列特定项目进行审查：

（一）大额或者重要项目；

（二）数量或者金额符合设定标准的项目；

（三）其他特定项目。

选取部分特定项目进行审查的结果，不能用于推断整个审计事项。

第九十一条　在审计事项包含的项目数量较多，需要对审计事项某一方面的总体特征作出结论时，审计人员可以进行审计抽样。

审计人员进行审计抽样时，可以参照中国注册会计师执业准则的有关规定。

第九十二条　审计人员可以采取下列方法向有关单位和个人获取审计证据：

（一）检查，是指对纸质、电子或者其他介质形式存在的文件、资料进行审查，或者对有形资产进行审查；

（二）观察，是指察看相关人员正在从事的活动或者执行的程序；

（三）询问，是指以书面或者口头方式向有关人员了解关于审计事项的信息；

（四）外部调查，是指向与审计事项有关的第三方进行调查；

（五）重新计算，是指以手工方式或者使用信息技术对有关数据计算的正确性进行核对；

（六）重新操作，是指对有关业务程序或者控制活动独立进行重新操作验证；

（七）分析，是指研究财务数据之间、财务数据与非财务数据之间可能存在的合理关系，对相关信息作出评价，并关注异常波动和差异。

审计人员进行专项审计调查，可以使用上述方法及其以外的其他方法。

第九十三条 审计人员应当依照法律法规规定，取得被审计单位负责人对本单位提供资料真实性和完整性的书面承诺。

第九十四条 审计人员取得证明被审计单位存在违反国家规定的财政收支、财务收支行为以及其他重要审计事项的审计证据材料，应当由提供证据的有关人员、单位签名或者盖章；不能取得签名或者盖章不影响事实存在的，该审计证据仍然有效，但审计人员应当注明原因。

审计事项比较复杂或者取得的审计证据数量较大的，可以对审计证据进行汇总分析，编制审计取证单，由证据提供者签名或者盖章。

第九十五条 被审计单位的相关资料、资产可能被转移、隐匿、篡改、毁弃并影响获取审计证据的，审计机关应当依照法律法规的规定采取相应的证据保全措施。

第九十六条 审计机关执行审计业务过程中，因行使职权受到限制而无法获取适当、充分的审计证据，或者无法制止违法行为对国家利益的侵害时，根据需要，可以按照有关规定提请有权处理的机关或者相关单位予以协助和配合。

第九十七条 审计人员需要利用所聘请外部人员的专业咨询和专业鉴定作为审计证据的，应当对下列方面作出判断：

（一）依据的样本是否符合审计项目的具体情况；

（二）使用的方法是否适当和合理；

（三）专业咨询、专业鉴定是否与其他审计证据相符。

第九十八条 审计人员需要使用有关监管机构、中介机构、内部审计机构等已经形成的工作结果作为审计证据的，应当对该工作结果的下列方面作出判断：

（一）是否与审计目标相关；

（二）是否可靠；

（三）是否与其他审计证据相符。

第九十九条 审计人员对于重要问题，可以围绕下列方面获取审计证据：

（一）标准，即判断被审计单位是否存在问题的依据；

（二）事实，即客观存在和发生的情况。事实与标准之间的差异构成审计发现的问题；

（三）影响，即问题产生的后果；

（四）原因，即问题产生的条件。

第一百条 审计人员在审计实施过程中，应当持续评价审计证据的适当性和充分性。

已采取的审计措施难以获取适当、充分审计证据的，审计人员应当采取替代审计措施；仍无法获取审计证据的，由审计组报请审计机关采取其他必要的措施或者不作出审计结论。

第三节　审计记录

第一百零一条　审计人员应当真实、完整地记录实施审计的过程、得出的结论和与审计项目有关的重要管理事项，以实现下列目标：

（一）支持审计人员编制审计实施方案和审计报告；

（二）证明审计人员遵循相关法律法规和本准则；

（三）便于对审计人员的工作实施指导、监督和检查。

第一百零二条　审计人员作出的记录，应当使未参与该项业务的有经验的其他审计人员能够理解其执行的审计措施、获取的审计证据、作出的职业判断和得出的审计结论。

第一百零三条　审计记录包括调查了解记录、审计工作底稿和重要管理事项记录。

第一百零四条　审计组在编制审计实施方案前，应当对调查了解被审计单位及其相关情况作出记录。调查了解记录的内容主要包括：

（一）对被审计单位及其相关情况的调查了解情况；

（二）对被审计单位存在重要问题可能性的评估情况；

（三）确定的审计事项及其审计应对措施。

第一百零五条　审计工作底稿主要记录审计人员依据审计实施方案执行审计措施的活动。

审计人员对审计实施方案确定的每一审计事项，均应当编制审计工作底稿。一个审计事项可以根据需要编制多份审计工作底稿。

第一百零六条　审计工作底稿的内容主要包括：

（一）审计项目名称；

（二）审计事项名称；

（三）审计过程和结论；

（四）审计人员姓名及审计工作底稿编制日期并签名；

（五）审核人员姓名、审核意见及审核日期并签名；

（六）索引号及页码；

（七）附件数量。

第一百零七条　审计工作底稿记录的审计过程和结论主要包括：

（一）实施审计的主要步骤和方法；

（二）取得的审计证据的名称和来源；

（三）审计认定的事实摘要；

（四）得出的审计结论及其相关标准。

第一百零八条 审计证据材料应当作为调查了解记录和审计工作底稿的附件。一份审计证据材料对应多个审计记录时，审计人员可以将审计证据材料附在与其关系最密切的审计记录后面，并在其他审计记录中予以注明。

第一百零九条 审计组起草审计报告前，审计组组长应当对审计工作底稿的下列事项进行审核：

（一）具体审计目标是否实现；

（二）审计措施是否有效执行；

（三）事实是否清楚；

（四）审计证据是否适当、充分；

（五）得出的审计结论及其相关标准是否适当；

（六）其他有关重要事项。

第一百一十条 审计组组长审核审计工作底稿，应当根据不同情况分别提出下列意见：

（一）予以认可；

（二）责成采取进一步审计措施，获取适当、充分的审计证据；

（三）纠正或者责成纠正不恰当的审计结论。

第一百一十一条 重要管理事项记录应当记载与审计项目相关并对审计结论有重要影响的下列管理事项：

（一）可能损害审计独立性的情形及采取的措施；

（二）所聘请外部人员的相关情况；

（三）被审计单位承诺情况；

（四）征求被审计对象或者相关单位及人员意见的情况、被审计对象或者相关单位及人员反馈的意见及审计组的采纳情况；

（五）审计组对审计发现的重大问题和审计报告讨论的过程及结论；

（六）审计机关业务部门对审计报告、审计决定书等审计项目材料的复核情况和意见；

（七）审理机构对审计项目的审理情况和意见；

（八）审计机关对审计报告的审定过程和结论；

（九）审计人员未能遵守本准则规定的约束性条款及其原因；

（十）因外部因素使审计任务无法完成的原因及影响；

（十一）其他重要管理事项。

重要管理事项记录可以使用被审计单位承诺书、审计机关内部审批文稿、会议记录、会议纪要、审理意见书或者其他书面形式。

第四节　重大违法行为检查

第一百一十二条　审计人员执行审计业务时，应当保持职业谨慎，充分关注可能存在的重大违法行为。

第一百一十三条　本准则所称重大违法行为是指被审计单位和相关人员违反法律法规、涉及金额比较大、造成国家重大经济损失或者对社会造成重大不良影响的行为。

第一百一十四条　审计人员检查重大违法行为，应当评估被审计单位和相关人员实施重大违法行为的动机、性质、后果和违法构成。

第一百一十五条　审计人员调查了解被审计单位及其相关情况时，可以重点了解可能与重大违法行为有关的下列事项：

（一）被审计单位所在行业发生重大违法行为的状况；

（二）有关的法律法规及其执行情况；

（三）监管部门已经发现和了解的与被审计单位有关的重大违法行为的事实或者线索；

（四）可能形成重大违法行为的动机和原因；

（五）相关的内部控制及其执行情况；

（六）其他情况。

第一百一十六条　审计人员可以通过关注下列情况，判断可能存在的重大违法行为：

（一）具体经济活动中存在的异常事项；

（二）财务和非财务数据中反映出的异常变化；

（三）有关部门提供的线索和群众举报；

（四）公众、媒体的反映和报道；

（五）其他情况。

第一百一十七条　审计人员根据被审计单位实际情况、工作经验和审计发现的异常现象，判断可能存在重大违法行为的性质，并确定检查重点。

审计人员在检查重大违法行为时，应关注重大违法行为的高发领域和环节。

第一百一十八条　发现重大违法行为的线索，审计组或者审计机关可以采取下列应对措施：

（一）增派具有相关经验和能力的人员；

（二）避免让有关单位和人员事先知晓检查的时间、事项、范围和方式；

（三）扩大检查范围，使其能够覆盖重大违法行为可能涉及的领域；

（四）获取必要的外部证据；

（五）依法采取保全措施；

（六）提请有关机关予以协助和配合；

（七）向政府和有关部门报告；

（八）其他必要的应对措施。

第五章　审 计 报 告

第一节　审计报告的形式和内容

第一百一十九条　审计报告包括审计机关进行审计后出具的审计报告以及专项审计调查后出具的专项审计调查报告。

第一百二十条　审计组实施审计或者专项审计调查后，应当向派出审计组的审计机关提交审计报告。审计机关审定审计组的审计报告后，应当出具审计机关的审计报告。遇有特殊情况，审计机关可不向被调查单位出具专项审计调查报告。

第一百二十一条　审计报告应当内容完整、事实清楚、结论正确、用词恰当、格式规范。

第一百二十二条　审计机关审计报告（审计组审计报告）包括下列基本要素：

（一）标题；

（二）文号（审计组的审计报告不含此项）；

（三）被审计单位名称；

（四）审计项目名称；

（五）内容；

（六）审计机关名称（审计组名称及审计组组长签名）；

（七）签发日期（审计组向审计机关提交报告的日期）。

经济责任审计报告还包括被审计人员姓名及所担任职务。

第一百二十三条　审计报告的内容主要包括：

（一）审计依据，即实施审计所依据的法律法规规定；

（二）实施审计的基本情况，一般包括审计范围、内容、方式和实施的起止时间；

（三）被审计单位基本情况；

（四）审计评价意见，即根据不同的审计目标，以适当、充分的审计证据为基础发表的评价意见；

（五）以往审计决定执行情况和审计建议采纳情况；

（六）审计发现的被审计单位违反国家规定的财政收支、财务收支行为和其他重要问题的事实、定性、处理处罚意见以及依据的法律法规和标准；

（七）审计发现的移送处理事项的事实和移送处理意见，但是涉嫌犯罪等不宜让被审计单位知悉的事项除外；

（八）针对审计发现的问题，根据需要提出的改进建议。

审计期间被审计单位对审计发现的问题已经整改的，审计报告还应当包括有关整改情况。

经济责任审计报告还应当包括被审计人员履行经济责任的基本情况，以及被审计人员对审计发现问题承担的责任。

核查社会审计机构相关审计报告发现的问题，应当在审计报告中一并反映。

第一百二十四条　采取跟踪审计方式实施审计的，审计组在跟踪审计过程中发现的问题，应当以审计机关的名义及时向被审计单位通报，并要求其整改。

跟踪审计实施工作全部结束后，应当以审计机关的名义出具审计报告。审计报告应当反映审计发现但尚未整改的问题，以及已经整改的重要问题及其整改情况。

第一百二十五条　专项审计调查报告除符合审计报告的要素和内容要求外，还应当根据专项审计调查目标重点分析宏观性、普遍性、政策性或者体制、机制问题并提出改进建议。

第一百二十六条　对审计或者专项审计调查中发现被审计单位违反国家规定的财政收支、财务收支行为，依法应当由审计机关在法定职权范围内作出处理处罚决定的，审计机关应当出具审计决定书。

第一百二十七条　审计决定书的内容主要包括：

（一）审计的依据、内容和时间；

（二）违反国家规定的财政收支、财务收支行为的事实、定性、处理处罚决定以及法律法规依据；

（三）处理处罚决定执行的期限和被审计单位书面报告审计决定执行结果等要求；

（四）依法提请政府裁决或者申请行政复议、提起行政诉讼的途径和期限。

第一百二十八条　审计或者专项审计调查发现的依法需要移送其他有关主管机关或者单位纠正、处理处罚或者追究有关人员责任的事项，审计机关应当出具审计移送处理书。

第一百二十九条　审计移送处理书的内容主要包括：

（一）审计的时间和内容；

（二）依法需要移送有关主管机关或者单位纠正、处理处罚或者追究有关人员责任事项的事实、定性及其依据和审计机关的意见；

（三）移送的依据和移送处理说明，包括将处理结果书面告知审计机关说明；

（四）所附的审计证据材料。

第一百三十条　出具对国际组织、外国政府及其机构援助、贷款项目的审计报告，按照审计机关的相关规定执行。

第二节　审计报告的编审

第一百三十一条　审计组在起草审计报告前，应当讨论确定下列事项：

（一）评价审计目标的实现情况；

（二）审计实施方案确定的审计事项完成情况；

（三）评价审计证据的适当性和充分性；

（四）提出审计评价意见；

（五）评估审计发现问题的重要性；

（六）提出对审计发现问题的处理处罚意见；

（七）其他有关事项。

审计组应当对讨论前款事项的情况及其结果作出记录。

第一百三十二条　审计组组长应当确认审计工作底稿和审计证据已经审核，并从总体上评价审计证据的适当性和充分性。

第一百三十三条　审计组根据不同的审计目标，以审计认定的事实为基础，在防范审计风险的情况下，按照重要性原则，从真实性、合法性、效益性方面提出审计评价意见。

审计组应当只对所审计的事项发表审计评价意见。对审计过程中未涉及、审计证据不适当或者不充分、评价依据或者标准不明确以及超越审计职责范围的事项，不得发表审计评价意见。

第一百三十四条　审计组应当根据审计发现问题的性质、数额及其发生的原因和审计报告的使用对象，评估审计发现问题的重要性，如实在审计报告中予以反映。

第一百三十五条　审计组对审计发现的问题提出处理处罚意见时，应当关注下列因素：

（一）法律法规的规定；

（二）审计职权范围：属于审计职权范围的，直接提出处理处罚意见，不属于审计职权范围的，提出移送处理意见；

（三）问题的性质、金额、情节、原因和后果；

（四）对同类问题处理处罚的一致性；

（五）需要关注的其他因素。

审计发现被审计单位信息系统存在重大漏洞或者不符合国家规定的，应当责成被审计单位在规定期限内整改。

第一百三十六条　审计组应当针对经济责任审计发现的问题，根据被审计人员履行职责情况，界定其应当承担的责任。

第一百三十七条　审计组实施审计或者专项审计调查后，应当提出审计报告，按照审计机关规定的程序审批后，以审计机关的名义征求被审计单位、被调查单位和拟处罚的有关责任人员的意见。

经济责任审计报告还应当征求被审计人员的意见；必要时，征求有关干部监督管理部门的意见。

审计报告中涉及的重大经济案件调查等特殊事项，经审计机关主要负责人批准，可以不征求被审计单位或者被审计人员的意见。

第一百三十八条　被审计单位、被调查单位、被审计人员或者有关责任人员对征求意见的审计报告有异议的，审计组应当进一步核实，并根据核实情况对审计报告作出必要的修改。

审计组应当对采纳被审计单位、被调查单位、被审计人员、有关责任人员意见的情况和原因，或者上述单位或人员未在法定时间内提出书面意见的情况作出书面说明。

第一百三十九条　对被审计单位或者被调查单位违反国家规定的财政收支、财务收支行为，依法应由审计机关进行处理处罚的，审计组应当起草审计决定书。

对依法应当由其他有关部门纠正、处理处罚或者追究有关责任人员责任的事项，审计组应当起草审计移送处理书。

第一百四十条　审计组应当将下列材料报送审计机关业务部门复核：

（一）审计报告；

（二）审计决定书；

（三）被审计单位、被调查单位、被审计人员或者有关责任人员对审计报告的书面意见及审计组采纳情况的书面说明；

（四）审计实施方案；

（五）调查了解记录、审计工作底稿、重要管理事项记录、审计证据材料；

（六）其他有关材料。

第一百四十一条　审计机关业务部门应当对下列事项进行复核，并提出书面复核意见：

（一）审计目标是否实现；

（二）审计实施方案确定的审计事项是否完成；

（三）审计发现的重要问题是否在审计报告中反映；

（四）事实是否清楚、数据是否正确；

（五）审计证据是否适当、充分；

（六）审计评价、定性、处理处罚和移送处理意见是否恰当，适用法律法规和标准是否适当；

（七）被审计单位、被调查单位、被审计人员或者有关责任人员提出的合理意见是否采纳；

（八）需要复核的其他事项。

第一百四十二条 审计机关业务部门应当将复核修改后的审计报告、审计决定书等审计项目材料连同书面复核意见，报送审理机构审理。

第一百四十三条 审理机构以审计实施方案为基础，重点关注审计实施的过程及结果，主要审理下列内容：

（一）审计实施方案确定的审计事项是否完成；

（二）审计发现的重要问题是否在审计报告中反映；

（三）主要事实是否清楚、相关证据是否适当、充分；

（四）适用法律法规和标准是否适当；

（五）评价、定性、处理处罚意见是否恰当；

（六）审计程序是否符合规定。

第一百四十四条 审理机构审理时，应当就有关事项与审计组及相关业务部门进行沟通。

必要时，审理机构可以参加审计组与被审计单位交换意见的会议，或者向被审计单位和有关人员了解相关情况。

第一百四十五条 审理机构审理后，可以根据情况采取下列措施：

（一）要求审计组补充重要审计证据；

（二）对审计报告、审计决定书进行修改。

审理过程中遇有复杂问题的，经审计机关负责人同意后，审理机构可以组织专家进行论证。

审理机构审理后，应当出具审理意见书。

第一百四十六条 审理机构将审理后的审计报告、审计决定书连同审理意见书报送审计机关负责人。

第一百四十七条 审计报告、审计决定书原则上应当由审计机关审计业务会议审定；特殊情况下，经审计机关主要负责人授权，可以由审计机关其他负责人审定。

第一百四十八条 审计决定书经审定，处罚的事实、理由、依据、决定与审计组征求意见的审计报告不一致并且加重处罚的，审计机关应当依照有关法律法规规定及时告知被审计单位、被调查单位和有关责任人员，并听取其陈述和申辩。

第一百四十九条 对于拟作出罚款的处罚决定，符合法律法规规定的听证条件的，审计机关应当依照有关法律法规的规定履行听证程序。

第一百五十条 审计报告、审计决定书经审计机关负责人签发后，按照下列要求办理：

（一）审计报告送达被审计单位、被调查单位；

（二）经济责任审计报告送达被审计单位和被审计人员；

（三）审计决定书送达被审计单位、被调查单位、被处罚的有关责任人员。

第三节　专题报告与综合报告

第一百五十一条　审计机关在审计中发现的下列事项，可以采用专题报告、审计信息等方式向本级政府、上一级审计机关报告：

（一）涉嫌重大违法犯罪的问题；

（二）与国家财政收支、财务收支有关政策及其执行中存在的重大问题；

（三）关系国家经济安全的重大问题；

（四）关系国家信息安全的重大问题；

（五）影响人民群众经济利益的重大问题；

（六）其他重大事项。

第一百五十二条　专题报告应当主题突出、事实清楚、定性准确、建议适当。

审计信息应当事实清楚、定性准确、内容精炼、格式规范、反映及时。

第一百五十三条　审计机关统一组织审计项目的，可以根据需要汇总审计情况和结果，编制审计综合报告。必要时，审计综合报告应当征求有关主管机关的意见。

审计综合报告按照审计机关规定的程序审定后，向本级政府和上一级审计机关报送，或者向有关部门通报。

第一百五十四条　审计机关实施经济责任审计项目后，应当按照相关规定，向本级政府行政首长和有关干部监督管理部门报告经济责任审计结果。

第一百五十五条　审计机关依照法律法规的规定，每年汇总对本级预算执行情况和其他财政收支情况的审计报告，形成审计结果报告，报送本级政府和上一级审计机关。

第一百五十六条　审计机关依照法律法规的规定，代本级政府起草本级预算执行情况和其他财政收支情况的审计工作报告（稿），经本级政府行政首长审定后，受本级政府委托向本级人民代表大会常务委员会报告。

第四节　审计结果公布

第一百五十七条　审计机关依法实行公告制度。审计机关的审计结果、审计调查结果依法向社会公布。

第一百五十八条　审计机关公布的审计和审计调查结果主要包括下列信息：

（一）被审计（调查）单位基本情况；

（二）审计（调查）评价意见；

（三）审计（调查）发现的主要问题；

（四）处理处罚决定及审计（调查）建议；

（五）被审计（调查）单位的整改情况。

第一百五十九条　在公布审计和审计调查结果时，审计机关不得公布下列信息：

（一）涉及国家秘密、商业秘密的信息；

（二）正在调查、处理过程中的事项；

（三）依照法律法规的规定不予公开的其他信息。

涉及商业秘密的信息，经权利人同意或者审计机关认为不公布可能对公共利益造成重大影响的，可以予以公布。

审计机关公布审计和审计调查结果应当客观公正。

第一百六十条　审计机关公布审计和审计调查结果，应当指定专门机构统一办理，履行规定的保密审查和审核手续，报经审计机关主要负责人批准。

审计机关内设机构、派出机构和个人，未经授权不得向社会公布审计和审计调查结果。

第一百六十一条　审计机关统一组织不同级次审计机关参加的审计项目，其审计和审计调查结果原则上由负责该项目组织工作的审计机关统一对外公布。

第一百六十二条　审计机关公布审计和审计调查结果按照国家有关规定需要报批的，未经批准不得公布。

第五节　审计整改检查

第一百六十三条　审计机关应当建立审计整改检查机制，督促被审计单位和其他有关单位根据审计结果进行整改。

第一百六十四条　审计机关主要检查或者了解下列事项：

（一）执行审计机关作出的处理处罚决定情况；

（二）对审计机关要求自行纠正事项采取措施的情况；

（三）根据审计机关的审计建议采取措施的情况；

（四）对审计机关移送处理事项采取措施的情况。

第一百六十五条　审计组在审计实施过程中，应当及时督促被审计单位整改审计发现的问题。

审计机关在出具审计报告、作出审计决定后，应当在规定的时间内检查或者了解被审计单位和其他有关单位的整改情况。

第一百六十六条　审计机关可以采取下列方式检查或者了解被审计单位和其他有关单位的整改情况：

（一）实地检查或者了解；

（二）取得并审阅相关书面材料；

（三）其他方式。

对于定期审计项目，审计机关可以结合下一次审计，检查或者了解被审计单位的整改情况。

检查或者了解被审计单位和其他有关单位整改情况应当取得相关证明材料。

第一百六十七条　审计机关指定的部门负责检查或者了解被审计单位和其他有关单位整改情况，并向审计机关提出检查报告。

第一百六十八条　检查报告的内容主要包括：

（一）检查工作开展情况，主要包括检查时间、范围、对象和方式等；

（二）被审计单位和其他有关单位的整改情况；

（三）没有整改或者没有完全整改事项的原因和建议。

第一百六十九条　审计机关对被审计单位没有整改或者没有完全整改的事项，依法采取必要措施。

第一百七十条　审计机关对审计决定书中存在的重要错误事项，应予以纠正。

第一百七十一条　审计机关汇总审计整改情况，向本级政府报送关于审计工作报告中指出问题的整改情况的报告。

第六章　审计质量控制和责任

第一百七十二条　审计机关应建立审计质量控制制度，以保证实现下列目标：

（一）遵守法律法规和本准则；

（二）作出恰当的审计结论；

（三）依法进行处理处罚。

第一百七十三条　审计机关应当针对下列要素建立审计质量控制制度：

（一）审计质量责任；

（二）审计职业道德；

（三）审计人力资源；

（四）审计业务执行；

（五）审计质量监控。

对前款第二、三、四项应当按照本准则第二至五章的有关要求建立审计质量控制制度。

第一百七十四条　审计机关实行审计组成员、审计组主审、审计组组长、审计机关业务部门、审理机构、总审计师和审计机关负责人对审计业务的分级质量控制。

第一百七十五条　审计组成员的工作职责包括：

（一）遵守本准则，保持审计独立性；

（二）按照分工完成审计任务，获取审计证据；

（三）如实记录实施的审计工作并报告工作结果；

（四）完成分配的其他工作。

第一百七十六条　审计组成员应当对下列事项承担责任：

（一）未按审计实施方案实施审计导致重大问题未被发现的；

（二）未按照本准则的要求获取审计证据导致审计证据不适当、不充分的；

（三）审计记录不真实、不完整的；

（四）对发现的重要问题隐瞒不报或者不如实报告的。

第一百七十七条 审计组组长的工作职责包括：

（一）编制或者审定审计实施方案；

（二）组织实施审计工作；

（三）督导审计组成员的工作；

（四）审核审计工作底稿和审计证据；

（五）组织编制并审核审计组起草的审计报告、审计决定书、审计移送处理书、专题报告、审计信息；

（六）配置和管理审计组的资源；

（七）审计机关规定的其他职责。

第一百七十八条 审计组组长应当从下列方面督导审计组成员的工作：

（一）将具体审计事项和审计措施等信息告知审计组成员，并与其讨论；

（二）检查审计组成员的工作进展，评估审计组成员的工作质量，并解决工作中存在的问题；

（三）给予审计组成员必要的培训和指导。

第一百七十九条 审计组组长应当对审计项目的总体质量负责，并对下列事项承担责任：

（一）审计实施方案编制或者组织实施不当，造成审计目标未实现或者重要问题未被发现的；

（二）审核未发现或者未纠正审计证据不适当、不充分问题的；

（三）审核未发现或者未纠正审计工作底稿不真实、不完整问题的；

（四）得出的审计结论不正确的；

（五）审计组起草的审计文书和审计信息反映的问题严重失实的；

（六）提出的审计处理处罚意见或者移送处理意见不正确的；

（七）对审计组发现的重要问题隐瞒不报或者不如实报告的；

（八）违反法定审计程序的。

第一百八十条 根据工作需要，审计组可以设立主审。主审根据审计分工和审计组组长的委托，主要履行下列职责：

（一）起草审计实施方案、审计文书和审计信息；

（二）对主要审计事项进行审计查证；

（三）协助组织实施审计；

（四）督导审计组成员的工作；

（五）审核审计工作底稿和审计证据；

（六）组织审计项目归档工作；

（七）完成审计组组长委托的其他工作。

第一百八十一条 审计组组长将其工作职责委托给主审或者审计组其他成员的，仍应当对委托事项承担责任。受委托的成员在受托范围内承担相应责任。

第一百八十二条 审计机关业务部门的工作职责包括：

（一）提出审计组组长人选；

（二）确定聘请外部人员事宜；

（三）指导、监督审计组的审计工作；

（四）复核审计报告、审计决定书等审计项目材料；

（五）审计机关规定的其他职责。

业务部门统一组织审计项目的，应当承担编制审计工作方案，组织、协调审计实施和汇总审计结果的职责。

第一百八十三条 审计机关业务部门应当及时发现和纠正审计组工作中存在的重要问题，并对下列事项承担责任：

（一）对审计组请示的问题未及时采取适当措施导致严重后果的；

（二）复核未发现审计报告、审计决定书等审计项目材料中存在重要问题的；

（三）复核意见不正确的；

（四）要求审计组不在审计文书和审计信息中反映重要问题的。

业务部门对统一组织审计项目的汇总审计结果出现重大错误、造成严重不良影响的事项承担责任。

第一百八十四条 审计机关审理机构的工作职责包括：

（一）审查修改审计报告、审计决定书；

（二）提出审理意见；

（三）审计机关规定的其他职责。

第一百八十五条 审计机关审理机构对下列事项承担责任：

（一）审理意见不正确的；

（二）对审计报告、审计决定书作出的修改不正确的；

（三）审理时应当发现而未发现重要问题的。

第一百八十六条 审计机关负责人的工作职责包括：

（一）审定审计项目目标、范围和审计资源的配置；

（二）指导和监督检查审计工作；

（三）审定审计文书和审计信息；

（四）审计管理中的其他重要事项。

审计机关负责人对审计项目实施结果承担最终责任。

第一百八十七条 审计机关对审计人员违反法律法规和本准则的行为，应当按照相关规定追究其责任。

第一百八十八条 审计机关应当按照国家有关规定，建立健全审计项目档案管理制度，明确审计项目归档要求、保存期限、保存措施、档案利用审批程序等。

第一百八十九条 审计项目归档工作实行审计组组长负责制，审计组组长应当确定立卷责任人。

立卷责任人应当收集审计项目的文件材料，并在审计项目终结后及时立卷归档，由审计组组长审查验收。

第一百九十条 审计机关实行审计业务质量检查制度，对其业务部门、派出机构和下级审计机关的审计业务质量进行检查。

第一百九十一条 审计机关可以通过查阅有关文件和审计档案、询问相关人员等方式、方法，检查下列事项：

（一）建立和执行审计质量控制制度的情况；

（二）审计工作中遵守法律法规和本准则的情况；

（三）与审计业务质量有关的其他事项。

审计业务质量检查应当重点关注审计结论的恰当性、审计处理处罚意见的合法性和适当性。

第一百九十二条 审计机关开展审计业务质量检查，应当向被检查单位通报检查结果。

第一百九十三条 审计机关在审计业务质量检查中，发现被检查的派出机构或者下级审计机关应当作出审计决定而未作出的，可以依法直接或者责成其在规定期限内作出审计决定；发现其作出的审计决定违反国家有关规定的，可以依法直接或者责成其在规定期限内变更、撤销审计决定。

第一百九十四条 审计机关应当对其业务部门、派出机构实行审计业务年度考核制度，考核审计质量控制目标的实现情况。

第一百九十五条 审计机关可以定期组织优秀审计项目评选，对被评为优秀审计项目的予以表彰。

第一百九十六条 审计机关应当对审计质量控制制度及其执行情况进行持续评估，及时发现审计质量控制制度及其执行中存在的问题，并采取措施加以纠正或者改进。

审计机关可以结合日常管理工作或者通过开展审计业务质量检查、考核和优秀审计项目评选等方式，对审计质量控制制度及其执行情况进行持续评估。

第七章　附　　则

第一百九十七条　审计机关和审计人员开展下列工作，不适用本准则的规定：

（一）配合有关部门查处案件；

（二）与有关部门共同办理检查事项；

（三）接受交办或者接受委托办理不属于法定审计职责范围的事项。

第一百九十八条　地方审计机关可以根据本地实际情况，在遵循本准则规定的基础上制定实施细则。

第一百九十九条　本准则由审计署负责解释。

第二百条　本准则自 2011 年 1 月 1 日起施行。附件所列的审计署以前发布的审计准则和规定同时废止。

附录B 关于全面加强生态环境保护坚决打好污染防治攻坚战的意见（2018）

关于全面加强生态环境保护坚决打好污染防治攻坚战的意见

良好生态环境是实现中华民族永续发展的内在要求，是增进民生福祉的优先领域。为深入学习贯彻习近平新时代中国特色社会主义思想和党的十九大精神，决胜全面建成小康社会，全面加强生态环境保护，打好污染防治攻坚战，提升生态文明，建设美丽中国，现提出如下意见。

一、深刻认识生态环境保护面临的形势

党的十八大以来，以习近平同志为核心的党中央把生态文明建设作为统筹推进“五位一体”总体布局和协调推进“四个全面”战略布局的重要内容，谋划开展了一系列根本性、长远性、开创性工作，推动生态文明建设和生态环境保护从实践到认识发生了历史性、转折性、全局性变化。各地区各部门认真贯彻落实党中央、国务院决策部署，生态文明建设和生态环境保护制度体系加快形成，全面节约资源有效推进，大气、水、土壤污染防治行动计划深入实施，生态系统保护和修复重大工程进展顺利，核与辐射安全得到有效保障，生态文明建设成效显著，美丽中国建设迈出重要步伐，我国成为全球生态文明建设的重要参与者、贡献者、引领者。

同时，我国生态文明建设和生态环境保护面临不少困难和挑战，存在许多不足。一些地方和部门对生态环境保护认识不到位，责任落实不到位；经济社会发展同生态环境保护的矛盾仍然突出，资源环境承载能力已经达到或接近上限；城乡区域统筹不够，新老环境问题交织，区域性、布局性、结构性环境风险凸显，重污染天气、黑臭水体、垃圾围城、生态破坏等问题时有发生。这些问题，成为重要的民生之患、民心之痛，成为经济社会可持续发展的瓶颈制约，成为全面建成小康社会的明显短板。

进入新时代，解决人民日益增长的美好生活需要和不平衡不充分的发展之间的矛盾对生态环境保护提出许多新要求。当前，生态文明建设正处于压力叠加、负重前行的关键期，已进入提供更多优质生态产品以满足人民日益增长的优美生态环境需要的攻坚期，也到了有条件有能力解决突出生态环境问题的窗口期。必须加大力度、加快治理、加紧攻坚，打好标志性的重大战役，为人民创造良好生产生活环境。

二、深入贯彻习近平生态文明思想

习近平总书记传承中华民族传统文化、顺应时代潮流和人民意愿，站在坚持和发展中国特色社会主义、实现中华民族伟大复兴中国梦的战略高度，深刻回答了为什么建设生态文明、建设什么样的生态文明、怎样建设生态文明等重大理论和实践问题，系统形成了习近平生态文明思想，有力指导生态文明建设和生态环境保护取得历史性成就、发生历史性变革。

坚持生态兴则文明兴。建设生态文明是关系中华民族永续发展的根本大计，功在当代、利在千秋，关系人民福祉，关乎民族未来。

坚持人与自然和谐共生。保护自然就是保护人类，建设生态文明就是造福人类。必须尊重自然、顺应自然、保护自然，像保护眼睛一样保护生态环境，像对待生命一样对待生态环境，推动形成人与自然和谐发展现代化建设新格局，还自然以宁静、和谐、美丽。

坚持绿水青山就是金山银山。绿水青山既是自然财富、生态财富，又是社会财富、经济财富。保护生态环境就是保护生产力，改善生态环境就是发展生产力。必须坚持和贯彻绿色发展理念，平衡和处理好发展与保护的关系，推动形成绿色发展方式和生活方式，坚定不移走生产发展、生活富裕、生态良好的文明发展道路。

坚持良好生态环境是最普惠的民生福祉。生态文明建设同每个人息息相关。环境就是民生，青山就是美丽，蓝天也是幸福。必须坚持以人民为中心，重点解决损害群众健康的突出环境问题，提供更多优质生态产品。

坚持山水林田湖草是生命共同体。生态环境是统一的有机整体。必须按照系统工程的思路，构建生态环境治理体系，着力扩大环境容量和生态空间，全方位、全地域、全过程开展生态环境保护。

坚持用最严格制度最严密法治保护生态环境。保护生态环境必须依靠制度、依靠法治。必须构建产权清晰、多元参与、激励约束并重、系统完整的生态文明制度体系，让制度成为刚性约束和不可触碰的高压线。

坚持建设美丽中国全民行动。美丽中国是人民群众共同参与共同建设共同享有的事业。必须加强生态文明宣传教育，牢固树立生态文明价值观念和行为准则，把建设美丽中国化为全民自觉行动。

坚持共谋全球生态文明建设。生态文明建设是构建人类命运共同体的重要内容。必须同舟共济、共同努力，构筑尊崇自然、绿色发展的生态体系，推动全球生态环境治理，建设清洁美丽世界。

习近平生态文明思想为推进美丽中国建设、实现人与自然和谐共生的现代化提供了方向指引和根本遵循，必须用以武装头脑、指导实践、推动工作。要教育广大干部增强“四个意识”，树立正确政绩观，把生态文明建设重大部署和重要任务落到实处，让良好生态环境成为人民幸福生活的增长点、成为经济社会持续健康发展的支撑点、成为展现我国良好形象的发力点。

三、全面加强党对生态环境保护的领导

加强生态环境保护、坚决打好污染防治攻坚战是党和国家的重大决策部署，各级党委和政府要强化对生态文明建设和生态环境保护的总体设计和组织领导，统筹协调处理重大问题，指导、推动、督促各地区各部门落实党中央、国务院重大政策措施。

(一)落实党政主体责任。落实领导干部生态文明建设责任制，严格实行党政同责、一岗双责。地方各级党委和政府必须坚决扛起生态文明建设和生态环境保护的政治责任，对本行政区域的生态环境保护工作及生态环境质量负总责，主要负责人是本行政区域生态环境保护第一责任人，至少每季度研究一次生态环境保护工作，其他有关领导成员在职责范围内承担相应责任。各地要制定责任清单，把任务分解落实到有关部门。抓紧出台中央和国家机关相关部门生态环境保护责任清单。各相关部门要履行好生态环境保护职责，制定生态环境保护年度工作计划和措施。各地区各部门落实情况每年向党中央、国务院报告。

健全环境保护督察机制。完善中央和省级环境保护督察体系，制定环境保护督察工作规定，以解决突出生态环境问题、改善生态环境质量、推动高质量发展为重点，夯实生态文明建设和生态环境保护政治责任，推动环境保护督察向纵深发展。完善督查、交办、巡查、约谈、专项督察机制，开展重点区域、重点领域、重点行业专项督察。

（二）强化考核问责。制定对省（自治区、直辖市）党委、人大、政府以及中央和国家机关有关部门污染防治攻坚战成效考核办法，对生态环境保护立法执法情况、年度工作目标任务完成情况、生态环境质量状况、资金投入使用情况、公众满意程度等相关方面开展考核。各地参照制定考核实施细则。开展领导干部自然资源资产离任审计。考核结果作为领导班子和领导干部综合考核评价、奖惩任免的重要依据。

严格责任追究。对省（自治区、直辖市）党委和政府以及负有生态环境保护责任的中央和国家机关有关部门贯彻落实党中央、国务院决策部署不坚决不彻底、生态文明建设和生态环境保护责任制执行不到位、污染防治攻坚任务完成严重滞后、区域生态环境问题突出的，约谈主要负责人，同时责成其向党中央、国务院作出深刻检查。对年度目标任务未完成、考核不合格的市、县，党政主要负责人和相关领导班子成员不得评优评先。对在生态环境方面造成严重破坏负有责任的干部，不得提拔使用或者转任重要职务。对不顾生态环境盲目决策、违法违规审批开发利用规划和建设项目的，对造成生态环境质量恶化、生态严重破坏的，对生态环境事件多发高发、应对不力、群众反映强烈的，对生态环境保护责任没有落实、推诿扯皮、没有完成工作任务的，依纪依法严格问责、终身追责。

四、总体目标和基本原则

（一）总体目标

到2020年，生态环境质量总体改善，主要污染物排放总量大幅减少，环境风险得到有效管控，生态环境保护水平同全面建成小康社会目标相适应。

具体指标：全国细颗粒物（PM2.5）未达标地级及以上城市浓度比2015年下降18%以上，地级及以上城市空气质量优良天数比率达到80%以上；全国地表水Ⅰ－Ⅲ类水体比例达到70%以上，劣Ⅴ类水体比例控制在5%以内；近岸海域水质优良（一、二类）比例达到70%左右；二氧化硫、氮氧化物排放量比2015年减少15%以上，化学需氧量、氨氮排放量减少10%以上；受污染耕地安全利用率达到90%左右，污染地块安全利用率达到90%以上；生态保护红线面积占比达到25%左右；森林覆盖率达到23.04%以上。

通过加快构建生态文明体系，确保到2035年节约资源和保护生态环境的空间格局、产业结构、生产方式、生活方式总体形成，生态环境质量实现根本好转，美丽中国目标基本实现。到本世纪中叶，生态文明全面提升，实现生态环境领域国家治理体系和治理能力现代化。

（二）基本原则

——坚持保护优先。落实生态保护红线、环境质量底线、资源利用上线硬约束，深化供给侧结构性改革，推动形成绿色发展方式和生活方式，坚定不移走生产发展、生活富裕、生态良好的文明发展道路。

——强化问题导向。以改善生态环境质量为核心，针对流域、区域、行业特点，聚焦问题、分类施策、精准发力，不断取得新成效，让人民群众有更多获得感。

——突出改革创新。深化生态环境保护体制机制改革，统筹兼顾、系统谋划，强化协调、整合力量，区域协作、条块结合，严格环境标准，完善经济政策，增强科技支撑和能力保障，提升生态环境治理的系统性、整体性、协同性。

——注重依法监管。完善生态环境保护法律法规体系，健全生态环境保护行政执法和刑事司法衔接机制，依法严惩重罚生态环境违法犯罪行为。

——推进全民共治。政府、企业、公众各尽其责、共同发力，政府积极发挥主导作用，企业主动承担环境治理主体责任，公众自觉践行绿色生活。

五、推动形成绿色发展方式和生活方式

坚持节约优先，加强源头管控，转变发展方式，培育壮大新兴产业，推动传统产业智能化、清洁化改造，加快发展节能环保产业，全面节约能源资源，协同推动经济高质量发展和生态环境高水平保护。

（一）促进经济绿色低碳循环发展。对重点区域、重点流域、重点行业和产业布局开展规划环评，调整优化不符合生态环境功能定位的产业布局、规模和结构。严格控制重点流域、重点区域环境风险项目。对国家级新区、工业园区、高新区等进行集中整治，限期进行达标改造。加快城市建成区、重点流域的重污染企业和危险化学品企业搬迁改造，2018年年底前，相关城市政府就此制定专项计划并向社会公开。促进传统产业优化升级，构建绿色产业链体系。继续化解过剩产能，严禁钢铁、水泥、电解铝、平板玻璃等行业新增产能，对确有必要新建的必须实施等量或减量置换。加快推进危险化学品生产企业搬迁改造工程。提高污染排放标准，加大钢铁等重点行业落后产能淘汰力度，鼓励各地制定范围更广、标准更严的落后产能淘汰政策。构建市场导向的绿色技术创新体系，强化产品全生命周期绿色管理。大力发展节能环保产业、清洁生产产业、清洁能源产业，加强科技创新引领，着力引导绿色消费，大力提高节能、环保、资源循环利用等绿色产业技术装备水平，培育发展一批骨干企业。大力发展节能和环境服务业，推行合同能源管理、合同节水管理，积极探索区域环境托管服务等新模式。鼓励新业态发展和模式创新。在能源、冶金、建材、有色、化工、电镀、造纸、印染、农副食品加工等行业，全面推进清洁生产改造或清洁化改造。

（二）推进能源资源全面节约。强化能源和水资源消耗、建设用地等总量和强度双控行动，实行最严格的耕地保护、节约用地和水资源管理制度。实施国家节水行动，完善水价形成机制，推进节水型社会和节水型城市建设，到2020年，全国用水总量控制在6700亿立方米以内。健全节能、节水、节地、节材、节矿标准体系，大幅降低重点行业和企业能耗、物耗，推行生产者责任延伸制度，实现生产系统和生活系统循环链接。鼓励新建建筑采用绿色建材，大力发展装配式建筑，提高新建绿色建筑比例。以北方采暖地区为重点，推进既有居住建筑节能改造。积极应对气候变化，采取有力措施确保完成2020年控制温室气体排放行动目标。扎实推进全国碳排放权交易市场建设，统筹深化低碳试点。

（三）引导公众绿色生活。加强生态文明宣传教育，倡导简约适度、绿色低碳的生活方式，反对奢侈浪费和不合理消费。开展创建绿色家庭、绿色学校、绿色社区、绿色商场、绿色餐馆等行动。推行绿色消费，出台快递业、共享经济等新业态的规范标准，推广环境标志产品、有机产品等绿色产品。提倡绿色居住，节约用水用电，合理控制夏季空调和冬季取暖室内温度。大力发展公共交通，鼓励自行车、步行等绿色出行。

六、坚决打赢蓝天保卫战

编制实施打赢蓝天保卫战三年作战计划，以京津冀及周边、长三角、汾渭平原等重点区域为主战场，调整优化产业结构、能源结构、运输结构、用地结构，强化区域联防联控和重污染天气应对，进一步明显降低 PM2.5 浓度，明显减少重污染天数，明显改善大气环境质量，明显增强人民的蓝天幸福感。

（一）加强工业企业大气污染综合治理。全面整治“散乱污”企业及集群，实行拉网式排查和清单式、台账式、网格化管理，分类实施关停取缔、整合搬迁、整改提升等措施，京津冀及周边区域 2018 年年底前完成，其他重点区域 2019 年年底前完成。坚决关停用地、工商手续不全并难以通过改造达标的企业，限期治理可以达标改造的企业，逾期依法一律关停。强化工业企业无组织排放管理，推进挥发性有机物排放综合整治，开展大气氨排放控制试点。到 2020 年，挥发性有机物排放总量比 2015 年下降 10% 以上。重点区域和大气污染严重城市加大钢铁、铸造、炼焦、建材、电解铝等产能压减力度，实施大气污染物特别排放限值。加大排放高、污染重的煤电机组淘汰力度，在重点区域加快推进。到 2020 年，具备改造条件的燃煤电厂全部完成超低排放改造，重点区域不具备改造条件的高污染燃煤电厂逐步关停。推动钢铁等行业超低排放改造。

（二）大力推进散煤治理和煤炭消费减量替代。增加清洁能源使用，拓宽清洁能源消纳渠道，落实可再生能源发电全额保障性收购政策。安全高效发展核电。推动清洁低碳能源优先上网。加快重点输电通道建设，提高重点区域接受外输电比例。因地制宜、加快实施北方地区冬季清洁取暖五年规划。鼓励余热、浅层地热能等清洁能源取暖。加强煤层气（煤矿瓦斯）综合利用，实施生物天然气工程。到 2020 年，京津冀及周边、汾渭平原的平原地区基本完成生活和冬季取暖散煤替代；北京、天津、河北、山东、河南及珠三角区域煤炭消费总量比 2015 年均下降 10% 左右，上海、江苏、浙江、安徽及汾渭平原煤炭消费总量均下降 5% 左右；重点区域基本淘汰每小时 35 蒸吨以下燃煤锅炉。推广清洁高效燃煤锅炉。

（三）打好柴油货车污染治理攻坚战。以开展柴油货车超标排放专项整治为抓手，统筹开展油、路、车治理和机动车船污染防治。严厉打击生产销售不达标车辆、排放检验机构检测弄虚作假等违法行为。加快淘汰老旧车，鼓励清洁能源车辆、船舶的推广使用。建设“天地车人”一体化的机动车排放监控系统，完善机动车遥感监测网络。推进钢铁、电力、电解铝、焦化等重点工业企业和工业园区货物由公路运输转向铁路运输。显著提高重点区域大宗货物铁路水路货运比例，提高沿海港口集装箱铁路集疏港比例。重点区域提前实施机动车国六排放标准，严格实施船舶和非道路移动机械大气排放标准。鼓励淘汰老旧船舶、工程机械和农业机械。落实珠三角、长三角、环渤海京津冀水域船舶排放控制区管理政策，全国主要港口和排放控制区内港口靠港船舶率先使用岸电。到2020年，长江干线、西江航运干线、京杭运河水上服务区和待闸锚地基本具备船舶岸电供应能力。2019年1月1日起，全国供应符合国六标准的车用汽油和车用柴油，力争重点区域提前供应。尽快实现车用柴油、普通柴油和部分船舶用油标准并轨。内河和江海直达船舶必须使用硫含量不大于10毫克/千克的柴油。严厉打击生产、销售和使用非标车（船）用燃料行为，彻底清除黑加油站点。

（四）强化国土绿化和扬尘管控。积极推进露天矿山综合整治，加快环境修复和绿化。开展大规模国土绿化行动，加强北方防沙带建设，实施京津风沙源治理工程、重点防护林工程，增加林草覆盖率。在城市功能疏解、更新和调整中，将腾退空间优先用于留白增绿。落实城市道路和城市范围内施工工地等扬尘管控。

（五）有效应对重污染天气。强化重点区域联防联控联治，统一预警分级标准、信息发布、应急响应，提前采取应急减排措施，实施区域应急联动，有效降低污染程度。完善应急预案，明确政府、部门及企业的应急责任，科学确定重污染期间管控措施和污染源减排清单。指导公众做好重污染天气健康防护。推进预测预报预警体系建设，2018年年底前，进一步提升国家级空气质量预报能力，区域预报中心具备7至10天空气质量预报能力，省级预报中心具备7天空气质量预报能力并精确到所辖各城市。重点区域采暖季节，对钢铁、焦化、建材、铸造、电解铝、化工等重点行业企业实施错峰生产。重污染期间，对钢铁、焦化、有色、电力、化工等涉及大宗原材料及产品运输的重点企业实施错峰运输；强化城市建设施工工地扬尘管控措施，加强道路机扫。依法严禁秸秆露天焚烧，全面推进综合利用。到2020年，地级及以上城市重污染天数比2015年减少25%。

七、着力打好碧水保卫战

深入实施水污染防治行动计划，扎实推进河长制湖长制，坚持污染减排和生态扩容两手发力，加快工业、农业、生活污染源和水生态系统整治，保障饮用水安全，消除城市黑臭水体，减少污染严重水体和不达标水体。

（一）打好水源地保护攻坚战。加强水源水、出厂水、管网水、末梢水的全过程管理。划定集中式饮用水水源保护区，推进规范化建设。强化南水北调水源地及沿线生态环境保护。深化地下水污染防治。全面排查和整治县级及以上城市水源保护区内的违法违规问题，长江经济带于2018年年底前、其他地区于2019年年底前完成。单一水源供水的地级及以上城市应当建设应急水源或备用水源。定期监（检）测、评估集中式饮用水水源、供水单位供水和用户水龙头水质状况，县级及以上城市至少每季度向社会公开一次。

（二）打好城市黑臭水体治理攻坚战。实施城镇污水处理“提质增效”三年行动，加快补齐城镇污水收集和处理设施短板，尽快实现污水管网全覆盖、全收集、全处理。完善污水处理收费政策，各地要按规定将污水处理收费标准尽快调整到位，原则上应补偿到污水处理和污泥处置设施正常运营并合理盈利。对中西部地区，中央财政给予适当支持。加强城市初期雨水收集处理设施建设，有效减少城市面源污染。到2020年，地级及以上城市建成区黑臭水体消除比例达90%以上。鼓励京津冀、长三角、珠三角区域城市建成区尽早全面消除黑臭水体。

（三）打好长江保护修复攻坚战。开展长江流域生态隐患和环境风险调查评估，划定高风险区域，从严实施生态环境风险防控措施。优化长江经济带产业布局和规模，严禁污染型产业、企业向上中游地区转移。排查整治入河入湖排污口及不达标水体，市、县级政府制定实施不达标水体限期达标规划。到2020年，长江流域基本消除劣Ⅴ类水体。强化船舶和港口污染防治，现有船舶到2020年全部完成达标改造，港口、船舶修造厂环卫设施、污水处理设施纳入城市设施建设规划。加强沿河环湖生态保护，修复湿地等水生态系统，因地制宜建设人工湿地水质净化工程。实施长江流域上中游水库群联合调度，保障干流、主要支流和湖泊基本生态用水。

（四）打好渤海综合治理攻坚战。以渤海海区的渤海湾、辽东湾、莱州湾、辽河口、黄河口等为重点，推动河口海湾综合整治。全面整治入海污染源，规范入海排污口设置，全部清理非法排污口。严格控制海水养殖等造成的海上污染，推进海洋垃圾防治和清理。率先在渤海实施主要污染物排海总量控制制度，强化陆海污染联防联控，加强入海河流治理与监管。实施最严格的围填海和岸线开发管控，统筹安排海洋空间利用活动。渤海禁止审批新增围填海项目，引导符合国家产业政策的项目消化存量围填海资源，已审批但未开工的项目要依法重新进行评估和清理。

（五）打好农业农村污染治理攻坚战。以建设美丽宜居村庄为导向，持续开展农村人居环境整治行动，实现全国行政村环境整治全覆盖。到2020年，农村人居环境明显改善，村庄环境基本干净整洁有序，东部地区、中西部城市近郊区等有基础、有条件的地区人居环境质量全面提升，管护长效机制初步建立；中西部有较好基础、基本具备条件的地区力争实现90%左右的村庄生活垃圾得到治理，卫生厕所普及率达到85%左右，生活污水乱排乱放得到管控。减少化肥农药使用量，制修订并严格执行化肥农药等农业投入品质量标准，严格控制高毒高风险农药使用，推进有机肥替代化肥、病虫害绿色防控替代化学防治和废弃农膜回收，完善废旧地膜和包装废弃物等回收处理制度。到2020年，化肥农药使用量实现零增长。坚持种植和养殖相结合，就地就近消纳利用畜禽养殖废弃物。合理布局水产养殖空间，深入推进水产健康养殖，开展重点江河湖库及重点近岸海域破坏生态环境的养殖方式综合整治。到2020年，全国畜禽粪污综合利用率达到75%以上，规模养殖场粪污处理设施装备配套率达到95%以上。

八、扎实推进净土保卫战

全面实施土壤污染防治行动计划，突出重点区域、行业和污染物，有效管控农用地和城市建设用地土壤环境风险。

（一）强化土壤污染管控和修复。加强耕地土壤环境分类管理。严格管控重度污染耕地，严禁在重度污染耕地种植食用农产品。实施耕地土壤环境治理保护重大工程，开展重点地区涉重金属行业排查和整治。2018年年底前，完成农用地土壤污染状况详查。2020年年底前，编制完成耕地土壤环境质量分类清单。建立建设用地土壤污染风险管控和修复名录，列入名录且未完成治理修复的地块不得作为住宅、公共管理与公共服务用地。建立污染地块联动监管机制，将建设用地土壤环境管理要求纳入用地规划和供地管理，严格控制用地准入，强化暂不开发污染地块的风险管控。2020年年底前，完成重点行业企业用地土壤污染状况调查。严格土壤污染重点行业企业搬迁改造过程中拆除活动的环境监管。

（二）加快推进垃圾分类处理。到2020年，实现所有城市和县城生活垃圾处理能力全覆盖，基本完成非正规垃圾堆放点整治；直辖市、计划单列市、省会城市和第一批分类示范城市基本建成生活垃圾分类处理系统。推进垃圾资源化利用，大力发展垃圾焚烧发电。推进农村垃圾就地分类、资源化利用和处理，建立农村有机废弃物收集、转化、利用网络体系。

（三）强化固体废物污染防治。全面禁止洋垃圾入境，严厉打击走私，大幅减少固体废物进口种类和数量，力争2020年年底前基本实现固体废物零进口。开展“无废城市”试点，推动固体废物资源化利用。调查、评估重点工业行业危险废物产生、贮存、利用、处置情况。完善危险废物经营许可、转移等管理制度，建立信息化监管体系，提升危险废物处理处置能力，实施全过程监管。严厉打击危险废物非法跨界转移、倾倒等违法犯罪活动。深入推进长江经济带固体废物大排查活动。评估有毒有害化学品在生态环境中的风险状况，严格限制高风险化学品生产、使用、进出口，并逐步淘汰、替代。

九、加快生态保护与修复

坚持自然恢复为主，统筹开展全国生态保护与修复，全面划定并严守生态保护红线，提升生态系统质量和稳定性。

（一）划定并严守生态保护红线。按照应保尽保、应划尽划的原则，将生态功能重要区域、生态环境敏感脆弱区域纳入生态保护红线。到 2020 年，全面完成全国生态保护红线划定、勘界定标，形成生态保护红线全国“一张图”，实现一条红线管控重要生态空间。制定实施生态保护红线管理办法、保护修复方案，建设国家生态保护红线监管平台，开展生态保护红线监测预警与评估考核。

（二）坚决查处生态破坏行为。2018 年年底前，县级及以上地方政府全面排查违法违规挤占生态空间、破坏自然遗迹等行为，制定治理和修复计划并向社会公开。开展病危险尾矿库和“头顶库”专项整治。持续开展“绿盾”自然保护区监督检查专项行动，严肃查处各类违法违规行为，限期进行整治修复。

（三）建立以国家公园为主体的自然保护地体系。到 2020 年，完成全国自然保护区范围界限核准和勘界立标，整合设立一批国家公园，自然保护地相关法规和管理制度基本建立。对生态严重退化地区实行封禁管理，稳步实施退耕还林还草和退牧还草，扩大轮作休耕试点，全面推行草原禁牧休牧和草畜平衡制度。依法依规解决自然保护地内的矿业权合理退出问题。全面保护天然林，推进荒漠化、石漠化、水土流失综合治理，强化湿地保护和恢复。加强休渔禁渔管理，推进长江、渤海等重点水域禁捕限捕，加强海洋牧场建设，加大渔业资源增殖放流。推动耕地草原森林河流湖泊海洋休养生息。

十、改革完善生态环境治理体系

深化生态环境保护管理体制改革，完善生态环境管理制度，加快构建生态环境治理体系，健全保障举措，增强系统性和完整性，大幅提升治理能力。

（一）完善生态环境监管体系。整合分散的生态环境保护职责，强化生态保护修复和污染防治统一监管，建立健全生态环境保护领导和管理体制、激励约束并举的制度体系、政府企业公众共治体系。全面完成省以下生态环境机构监测监察执法垂直管理制度改革，推进综合执法队伍特别是基层队伍的能力建设。完善农村环境治理体制。健全区域流域海域生态环境管理体制，推进跨地区环保机构试点，加快组建流域环境监管执法机构，按海域设置监管机构。建立独立权威高效的生态环境监测体系，构建天地一体化的生态环境监测网络，实现国家和区域生态环境质量预报预警和质控，按照适度上收生态环境质量监测事权的要求加快推进有关工作。省级党委和政府加快确定生态保护红线、环境质量底线、资源利用上线，制定生态环境准入清单，在地方立法、政策制定、规划编制、执法监管中不得变通突破、降低标准，不符合不衔接不适应的于 2020 年年底前完成调整。实施生态环境统一监管。推行生态环境损害赔偿制度。编制生态环境保护规划，开展全国生态环境状况评估，建立生态环境保护综合监控平台。推动生态文明示范创建、绿水青山就是金山银山实践创新基地建设活动。

严格生态环境质量管理。生态环境质量只能更好、不能变坏。生态环境质量达标地区要保持稳定并持续改善；生态环境质量不达标地区的市、县级政府，要于2018年年底前制定实施限期达标规划，向上级政府备案并向社会公开。加快推行排污许可制度，对固定污染源实施全过程管理和多污染物协同控制，按行业、地区、时限核发排污许可证，全面落实企业治污责任，强化证后监管和处罚。在长江经济带率先实施入河污染源排放、排污口排放和水体水质联动管理。2020年，将排污许可证制度建设成为固定源环境管理核心制度，实现"一证式"管理。健全环保信用评价、信息强制性披露、严惩重罚等制度。将企业环境信用信息纳入全国信用信息共享平台和国家企业信用信息公示系统，依法通过"信用中国"网站和国家企业信用信息公示系统向社会公示。监督上市公司、发债企业等市场主体全面、及时、准确地披露环境信息。建立跨部门联合奖惩机制。完善国家核安全工作协调机制，强化对核安全工作的统筹。

（二）健全生态环境保护经济政策体系。资金投入向污染防治攻坚战倾斜，坚持投入同攻坚任务相匹配，加大财政投入力度。逐步建立常态化、稳定的财政资金投入机制。扩大中央财政支持北方地区清洁取暖的试点城市范围，国有资本要加大对污染防治的投入。完善居民取暖用气用电定价机制和补贴政策。增加中央财政对国家重点生态功能区、生态保护红线区域等生态功能重要地区的转移支付，继续安排中央预算内投资对重点生态功能区给予支持。各省（自治区、直辖市）合理确定补偿标准，并逐步提高补偿水平。完善助力绿色产业发展的价格、财税、投资等政策。大力发展绿色信贷、绿色债券等金融产品。设立国家绿色发展基金。落实有利于资源节约和生态环境保护的价格政策，落实相关税收优惠政策。研究对从事污染防治的第三方企业比照高新技术企业实行所得税优惠政策，研究出台"散乱污"企业综合治理激励政策。推动环境污染责任保险发展，在环境高风险领域建立环境污染强制责任保险制度。推进社会化生态环境治理和保护。采用直接投资、投资补助、运营补贴等方式，规范支持政府和社会资本合作项目；对政府实施的环境绩效合同服务项目，公共财政支付水平同治理绩效挂钩。鼓励通过政府购买服务方式实施生态环境治理和保护。

（三）健全生态环境保护法治体系。依靠法治保护生态环境，增强全社会生态环境保护法治意识。加快建立绿色生产消费的法律制度和政策导向。加快制定和修改土壤污染防治、固体废物污染防治、长江生态环境保护、海洋环境保护、国家公园、湿地、生态环境监测、排污许可、资源综合利用、空间规划、碳排放权交易管理等方面的法律法规。鼓励地方在生态环境保护领域先于国家进行立法。建立生态环境保护综合执法机关、公安机关、检察机关、审判机关信息共享、案情通报、案件移送制度，完善生态环境保护领域民事、行政公益诉讼制度，加大生态环境违法犯罪行为的制裁和惩处力度。加强涉生态环境保护的司法力量建设。整合组建生态环境保护综合执法队伍，统一实行生态环境保护执法。将生态环境保护综合执法机构列入政府行政执法机构序列，推进执法规范化建设，统一着装、统一标识、统一证件、统一保障执法用车和装备。

（四）强化生态环境保护能力保障体系。增强科技支撑，开展大气污染成因与治理、水体污染控制与治理、土壤污染防治等重点领域科技攻关，实施京津冀环境综合治理重大项目，推进区域性、流域性生态环境问题研究。完成第二次全国污染源普查。开展大数据应用和环境承载力监测预警。开展重点区域、流域、行业环境与健康调查，建立风险监测网络及风险评估体系。健全跨部门、跨区域环境应急协调联动机制，建立全国统一的环境应急预案电子备案系统。国家建立环境应急物资储备信息库，省、市级政府建设环境应急物资储备库，企业环境应急装备和储备物资应纳入储备体系。落实全面从严治党要求，建设规范化、标准化、专业化的生态环境保护人才队伍，打造政治强、本领高、作风硬、敢担当，特别能吃苦、特别能战斗、特别能奉献的生态环境保护铁军。按省、市、县、乡不同层级工作职责配备相应工作力量，保障履职需要，确保同生态环境保护任务相匹配。加强国际交流和履约能力建设，推进生态环境保护国际技术交流和务实合作，支撑核安全和核电共同走出去，积极推动落实2030年可持续发展议程和绿色“一带一路”建设。

（五）构建生态环境保护社会行动体系。把生态环境保护纳入国民教育体系和党政领导干部培训体系，推进国家及各地生态环境教育设施和场所建设，培育普及生态文化。公共机构尤其是党政机关带头使用节能环保产品，推行绿色办公，创建节约型机关。健全生态环境新闻发布机制，充分发挥各类媒体作用。省、市两级要依托党报、电视台、政府网站，曝光突出环境问题，报道整改进展情况。建立政府、企业环境社会风险预防与化解机制。完善环境信息公开制度，加强重特大突发环境事件信息公开，对涉及群众切身利益的重大项目及时主动公开。2020年年底前，地级及以上城市符合条件的环保设施和城市污水垃圾处理设施向社会开放，接受公众参观。强化排污者主体责任，企业应严格守法，规范自身环境行为，落实资金投入、物资保障、生态环境保护措施和应急处置主体责任。实施工业污染源全面达标排放计划。2018年年底前，重点排污单位全部安装自动在线监控设备并同生态环境主管部门联网，依法公开排污信息。到2020年，实现长江经济带入河排污口监测全覆盖，并将监测数据纳入长江经济带综合信息平台。推动环保社会组织和志愿者队伍规范健康发展，引导环保社会组织依法开展生态环境保护公益诉讼等活动。按照国家有关规定表彰对保护和改善生态环境有显著成绩的单位和个人。完善公众监督、举报反馈机制，保护举报人的合法权益，鼓励设立有奖举报基金。

新思想引领新时代，新使命开启新征程。让我们更加紧密地团结在以习近平同志为核心的党中央周围，以习近平新时代中国特色社会主义思想为指导，不忘初心、牢记使命，锐意进取、勇于担当，全面加强生态环境保护，坚决打好污染防治攻坚战，为决胜全面建成小康社会、实现中华民族伟大复兴的中国梦不懈奋斗。

参考文献

[1] 马克思，恩格斯．马克思恩格斯选集 [M]. 北京：人民出版社，1972.

[2] 马克思，恩格斯．马克思恩格斯选集 [M]. 北京：人民出版社，1995.

[3] 亨利·大卫·梭罗．瓦尔登湖 [M]. 徐迟，译．上海：上海译文出版社，2011.

[4] 蕾切尔·卡森．寂静的春天 [M]. 吕瑞兰，李长生，译．上海：上海译文出版社，2007.

[5] 杜宇．生态文明建设评价指标体系研究 [D]. 北京：北京林业大学，2009.

[6] 任恢忠，刘月生．生态文明论纲 [J]. 河池师专学报，2004（1）.

[7] 赵芳．生态文明建设评价指标体系构建与实证研究 [D]. 北京：中国林业科学研究院，2010.

[8] 佟玉冬，刘继光．解读生态文明 [J]. 水利天地，2003（8）.

[9] 刘湘溶．生态文明论 [M]. 长沙：湖南教育出版社，1999.

[10] 伍瑛．生态文明的内涵与特征 [J]. 生态经济，2000（2）：38-40.

[11] 廖才茂．生态文明的基本特征 [J]. 当代财经，2004（9）：10-14.

[12] 李金侠．马克思主义生态文明观的新发展 [J]. 兰州学刊，2004（1）：10-14.

[13] 俞可平．科学发展观与生态文明 [J]. 马克思主义与现实，2005（4）：4-5.

[14] 李良美．生态文明的科学内涵及其理论意义 [J]. 毛泽东邓小平理论研究，2005（2）：47-51.

[15] 潘岳．论社会主义生态文明 [J]. 绿叶，2006（10）.

[16] 张云飞．试论生态文明在文明系统中的地位和作用 [J]. 教学与研究，2006（5）.

[17] 黄爱宝．三种生态文明观比较 [J]. 南京工业大学学报（社会科学版），2006（3）.

[18] 李鹏鸽．简论生态文明 [J]. 成都教育学院学报，2006（11）.

[19] 尹成勇．浅析生态文明建设 [J]. 生态经济，2006（9）：139-141.

[20] 李红卫．生态文明建设：构建和谐社会的必然要求 [J]. 学术论坛，2007（6）：170-173.

[21] 朱英睿．“后世博时期”上海构建城市生态文明的思考 [J]. 党政论坛，2010（9）：44-46.

[22] THOMPSON D, WILSON M J. Environmental auditing: theory and applications[J]. Envirmental Management, 1994(4): 605-615.

[23] BYINGTON J R, Campbell S. Should the internal auditor be used inenvironmental accounting[J]. The Journal of Corpo-rate Accounting and Finance, 1997, 8(2): 139-146.

[24] THOMSON R P, SIMPSON T E, GRAND C. Environmental auditing[J]. The Internal Auditor, 1993(2): 18-22.

[25] International Standard Organization. Environmental Management System. ISO14001, 1995.

[26] International organization of Supreme Audit Institutions(INTOSAI) Working group on e-nvironmentalauditing(WGEA). Guidelines for auditing activities from the perspective ofenvironmental(Draft)[S]. environment-audit.org.cn, 2002.

[27] BROOKS K. Reaping the benefits of environmental auditing[J]. Internal Auditing, 2004(6): 26-36.

[28] NICOLAE TODEA, IONELA CORNELIA STANCIU, ANA MARIA JOLDOS. Environmental Audit, A Possible Source of Information for Financial Auditors[J]. Annales Universitabs Apulensis Oeconomica, 2011(1): 66-74.

[29] U.S.EPA. Environmental Auditing Policy Statement[S]. 1986.

[30] PERRY J A, SCHAEFFER D J, KERSTER H W, et al. The environmental audit application to stream network design[J]. Envi-ronmental Management, 1985, 9(3): 199-208.

[31] BOIVIN B, GOSSELIN L. Going for a green audit[J]. CA Magazine, 1991, 124(3): 61-63.

[32] MICHAEL P. Expertise and he construction of relevance: accoun-ttants andenvironment audit[J]. Accounting, Organization and Society, 1997(22): 123-146.

[33] ELLIOTT D, PATTON D. Environmental audit response: the case of the engineering sector[J]. Greener Management Interna-tional, 1998(22): 83-95.

[34] NATU A V. Environmental audit: a tool for waste minimization for small and medium scale dyestuff industries[J]. Chemi-cal Business, 1999(9): 133-138.

[35] DIAMANTIS D. The importance of environmental auditing and environmental indicators in Islands[J]. Eco-Management and Auditing, 1999, 6(1): 18-25.

[36] JOHNSTON, HUTCHINSON J, SMITH A. Significant environmental impact evaluation: A proposed methodology[J]. Eco-Management and Auditing, 2000(7): 186-195.

[37] STAFFORD S L. State adoption of environmental audit initiatives[J]. Contemporary Economic Policy, 2006, 24(1): 172-187.

[38] DARNALL N, SEOL I, SARKIS J. Perceived stakeholder influences and organizations'use of environmental audits[J]. Accounting, Organizations and Society, 2008, 34(2): 170-187.

[39] MOOR P D, BEELDE I D. Environmental auditing and the role of theaccountancy profession: a literature review[J]. Environmental Management, 2005, 36(2): 205-219.

[40] STANWICK P A, STANWICK S D. Cut your risks with environmental auditing [J]. The Journal of Corporate Accounting & Finance, 2001, 12(4): 11-14.

[41] The British Standards Institute. BS7750(1992)[EB/OL]. [2018-07-06]. http://www.zbgb.org/ 45/StandardDetail3955600.htm.

[42] ISO/TC207 的环境管理技术委员会 . ISO14000 系列（1993）[EB/OL]. [2010-09-03]. http://www.envir.gov.cn/iso14000/faq1.asp.

[43] 国际注册环境审计帅委员会 . 注册环境审计师实务准则（1999）[EB/OL]. [2010-09-20]. http://www.iaudit.cn/article/showarticle.asp.

[44] WGEA 从环境视角进行审计活动的指南（2001）[EB/OL]. [2010-09-10]. http://www.environmental-auditing.org.cn/UploadFile/NewFile/200652914173421.doc.

[45] COLLISON D J. The response of statutory financial auditors in the UK to environ mental issues: a descriptive and exploratory case study[J]. Journal of British Accounting Review, 1996, 28(4): 325-349.

[46] MAHWAR, R S, VERMA N K, CHAKRABARTI S P, et al. Journal of Environmental auditing programme in India[J]. Science of The Total Environment, 1997, 204(1): 11-26.

[47] BERNARD SINCLAIR-DESGAGNé, LANDIS GABEL H. Environmental Auditing in Management Systems and Public Policy[J]. Journal of Environmental Economics and Management, 1997, 33(3)：331-346.

[48] MURRAY, PAULA C. Inching toward environmental regulatory reform-ISO14000: Much Ado About Nothing[J]. American Business Law 1999, 37(1):35-37.

[49] SHIN, ROY W, YUCHE CHEN. Seizing global opportunities for accomplishing agencies’missions: the case of ISO14000[J]. Journal of Public Administration Quarterly 2000, 24(1): 69-94.

[50] CAHILL L B. Conducting third-party evaluations of environmental, health and safety audit programs[J]. Journal of Environmental Quality Management, 2002, 11(3): 39-49.

[51] HEPLER J A, NEUMANN C. Enhancing compliance at department of defense facilities: comparision of three environmental aduit tools[J]. Journal of environmental health, 2003, 6(8): 17-24.

[52] AMMENBERG J, SUNDIN E. Products in environmental management systems: the role of auditors[J]. Journal of CleanerProduction, 2005, 13(4): 417-431.

[53] 陈思维 . 环境审计 [M]. 北京：经济管理出版社，1998.
[54] 陈淑芳，李青 . 关于环境审计几个问题的探讨 [J]. 当代财经，1998（9）：57-59.
[55] 高方露，吴俊峰 . 关于环境审计本质内容的研究 [J]. 贵州财经学院学报，2000（2）：53-56.
[56] 上海市审计学会课题组 . 环境审计研究（上）[J]. 上海审计，2001（6）：20-24.
[57] 陈正兴 . 环境审计 [M]. 北京：中国审计出版社，2001.
[58] 李明辉，张艳，张娟 . 国外环境审计研究述评 [J]. 审计与经济研究，2011（26）：29-37.
[59] 王本强 . 深化政府环境审计的新起点："三河一湖"水污染防治资金审计 [J]. 中国审计，2004，15：55-56.
[60] 杨柳，甘佺鑫，理诗 . 环境审计之生命周期评价法 [J]. 财会月刊，2013（4）：71-73.
[61] 李盼雅 . 我国政府环境审计研究 [D]. 北京：首都经济贸易大学，2014.
[62] 孙晗，唐洋 . 基于 PSR 框架构建水环境绩效审计评价体系 [J]. 财会月刊，2014，14：94-96.
[63] 何博含，俞雅乖 . 基于层次分析法的环境审计指标体系构建 [J]. 特区经济，2014，08：105-107.
[64] 程亭 . 环境审计技术方法的优化与开发 [J]. 财会月刊，2015（3）：79-81.
[65] 谢志华，陶玉侠，杜海霞 . 关于审计机关环境审计定位的思考 [J]. 审计研究，2016（1）：11-16.
[66] 中华人民共和国审计署 . 关于加强资源环境审计工作的意见 [EB/OL]. [2009-09-15]. http://www.gov.cn/gzdt/2009-09/15/content_1418448.htm.
[67] 徐晓花 . 环境审计应对"十二五"环保目标若干问题的思考 [EB/OL]. [2012-02-09]. http://www.audit.gov.cn/n6/n41/c19831/content.html.
[68] 中共南通市委，南通市委南通市人民政府 . 关于开展地方党政主要领导干部资源环境责任审计工作的实施意见（试行）[EB/OL]. [2014-08-11]. http://xxgk.nantong.gov.cn/govdiropen/jcms_files/jcms1/web25/site/art2014/12/29/art_7042_391821.html.
[69] 辛金国，李青 . 环境审计准则研究 [J]. 审计与经济研究，2000（6）：15.
[70] 张青 . 借鉴国际先进经验构建环境审计准则 [J]. 审计理论与实践，2003（4）：34-35.
[71] 杨智慧 . 环境审计理论结构研究 [D]. 青岛：中国海洋大学，2003：54-55.
[72] 赵琳 . 环境审计准则体系建设初探 [J]. 财会月刊，2004（11）：42-43.

[73] 耿建新，牛红军 . 关于制定我国政府环境审计准则的建议和设想 [J]. 审计研究，2007（4）：8-14.

[74] 许宁宁 . 环境审计准则构成要素初探 [J]. 德州学院学报，2007（2）：19.

[75] 江诗雄 . 我国环境审计的现状与对策 [J]. 中国审计，2009（11）：67-68.

[76] DEFOND, MARK L. The assoeiation between changes in client firm agency cost and auditor switehing, auditing[J]. Joumal of Praetieeand Theory, 1992(1): 23-24.

[77] CLIVE S. Lermox, Audit Quality and Audit Size[J]. Joumal of Evaluationof Reputation and Deep Poeket Hy Pothesis, 1999(9): 779-805.

[78] KOLK A, PEREGO P. Determinants of the adoption of sustainability assurance statements[J]. Joumal of an international investigation, 2008(1): 23-24.

[79] RUBENSTEIN D B. Audit as an Agent of Constructive Consequence and Social Change[M]. Corporate Environmental strategy, 2001, 8(3): 234-241.

[80] AMMENBERG J, SUNDIN E. Products in environmental management systems: the role of auditors[J]. Journalof Cleaner Production, 2005, 13(4): 417-431.

[81] BAE S, SEOL I. An exploratory empirical investigation of environ mental audit programs in S & P 500 companies[J]. Management Research News, 2006, 29(9): 573-579.

[82] NICOLACE TOEDA. Environment Audit, A possible source of information for financial auditors[J]. Annales Universities Apulensis Series Oeconomi ca, 2011(1): 66-74.

[83] 黄绪全 . 服务生态环境建设 积极开展环境审计 [J]. 南宁：广西财经学院报，2010（4）：95-101.

[84] 梁珊珊 . 环境审计质量评价指标和方法研究 [D]. 南宁：广西大学，2011.

[85] 王睿，钟飚，沈飘飘 . 中国企业环境审计最新发展探析：以石油化工和制药行业为例 [A]// 中国会计学会教育分会 . 中国会计学会 2012 年学术年会论文集 [C]. 中国会计学会教育分会，2012：18.

[86] 张冉 . 低碳经济下环保资金绩效审计评价指标体系的构建 [D]. 青岛：中国海洋大学，2014.

[87] 刘家义 . 以科学发展观为指导 推动审计工作全面发展 [J]. 审计研究，2008（3）：3-9.

[88] 黄绪全 . 服务生态环境建设积极开展环境审计 [J]. 广西财经学院学报，2010（4）：95-101.

[89] 黄道国，邵云帆 . 多元环境审计工作格局构建研究 [J]. 审计研究，2011（3）：31-41.

[90] 任春晓 . 生态文明建设的矛盾动力论 [J]. 浙江社会科学，2012（01）：110-117，109，158-159.
[91] 刘家义 . 论国家治理与国家审计 [J]. 中国社会科学，2012（6）：60-72，206.
[92] 何贤江，蔡少华 . 资源环境审计推动完善国家治理的对策 [J]. 审计月刊，2012（12）：15-16.
[93] 李先秋 . 审计监督服务生态文明建设研究 [J]. 审计月刊，2013（7）：13-15.
[94] 吕楠，彭皓玥 . 国家审计促进生态文明建设的对策研究 [J]. 经济师，2013（9）：124-125.
[95] 唐洋 . 关于在我国开展生态文明审计的探讨 [J]. 财务与会计，2014（2）：34-35.
[96] 蒲萍，甘小燕 . 绿色审计在生态文明建设中的作用 [J]. 湖北林业科技，2014（6）：67-68，81.
[97] 齐蓓蓓 . 生态文明建设视角下的政府环境审计研究 [D]. 合肥：安徽大学，2014（5）：4-6.
[98] 刘西友，李莎莎 . 国家审计在生态文明建设中的作用研究 [J]. 管理世界，2015（1）：173-175.
[99] 孙琳 . 政府审计功能发挥对央企上市公司价值影响的研究 [D]. 成都：西南财经大学，2013.
[100] 王恩山 . 受托环境责任运行机制探索 [J]. 审计与经济研究，2005（6）：76-80.
[101] 付俊文，赵红 . 利益相关者理论综述 [J]. 首都经贸大学学报，2006（2）：16-21.
[102] 孙慧清 . 地方政府环境审计现状及对策研究：基于问卷调查的分析 [D]. 镇江：江苏科技大学，2017.
[103] 文硕 . 世界审计史（亚里士多德：雅典政制）[M]. 北京：中国审计出版社，1990.
[104] 吴秋生 . 评几种关于审计产生的客观基础的观点 [J]. 上海会计，1989（11）：29-31.
[105] DAVID FLINT. The philosophy and principles of auditing:an introduction[J]. Journal of Macmillan Education Ltd, 1988.
[106] 杨时展 . 国家审计的本质 [A]// 沈如琛 . 杨时展论文集 [M]. 北京：企业管理出版社，1997.
[107] 陈太辉 . 我国国家审计职能演化规律研究 [D]. 武汉：华中科技大学，2008.
[108] 张淑林 . 国家审计的发展史及其独立性研究 [D]. 天津：天津财经学院，2004.

[109] 文硕 . 世界审计史（亚里士多德：雅典政制）[M]. 北京：中国审计出版社，1990.
[110] 李君 . 论审计的独立性 [M]. 上海：立信会计出版社，2000.
[111] 文硕 . 世界审计史 [M]. 北京：中国审计出版社，1990.
[112] 宫军 . 南宋审计院创新启示录：兼议宋代审计的探索与实践 [J]. 审计研究简报，2009（6）.
[113] 夏商周断代工程专家组 . 夏商周断代工程 1996—2000 年阶段成果报告 [M]. 北京：世界图书出版公司，2000.
[114] 李学勤 . 十三经注疏 [M]. 北京：世界书局，1935.
[115] 迈克尔•查特菲尔德 . 会计思想史 [M]. 文硕，等，译 . 北京：中国商业出版社，1989.
[116] 李山 . 管子 [M]. 北京：中华书局出版社，2016.
[117] 李伟民 . 法经考释 [M]. 香港：香港中国法制出版社，2003.
[118] 文硕 . 世界审计史 [M]. 北京：中国审计出版社，1990.
[119] 沈言敏 . 我国审计体制改革和审计法的修改 [D]. 北京：中国社会科学院，2017.
[120] 林代昭，张大平 . 中国监察制度 [M]. 北京：中华书局，1988.
[121] 卫建国 . 论我国社会主义审计体制的产生与发展 [J]. 青岛海洋大学学报，1995（4）：27-30.
[122] 刘家义 . 论国家治理与国家审计 [J]. 中国社会科学，2012（06）：60-72.
[123] American Accounting Association，Auditing Concepts Committeeon. A statement of basic auditing concepts[M]. Sarasota: AAA, 1973.
[124] 林炳发 . 审计本质研究 [J]. 审计与经济研究，1998(1)：5-10.
[125] 李凤鸣 . 基础审计学 [M]. 北京：北京大学出版社，2006.
[126] 时现，李善波，徐印 . 审计的本质、职能与政府审计责任研究：基于“免疫系统”功能视角的分析 [J]. 审计与经济研究，2009（5）：8-13.
[127] 刘兵 . 论审计的基本职能和特殊职能 [J]. 财会通讯，1991（4）：12-15.
[128] 袁晓勇 . 对审计职能的再认识 [J]. 财会通讯，1997（10）：16-17.
[129] 彭启发，李汉俊 . 审计本质：以认证为基础的受托责任监督论 [J]. 财会月刊，2008（11）：37-39.
[130] 刘洁 . 审计本质各观点分析 [J]. 生产力研究，2005（7）：209-210.
[131] 陈静 . 基于治理导向的国家审计功能拓展 [J]. 审计月刊，2012（8）：16-17.
[132] 刘家义 . 充分发挥国家审计在促进经济和社会发展中的作用：在金砖国家最高审计机关领导人第一次会议上的讲话 [EB/OL]. [2016-6-27]. http://www.audit.gov.cn/n4/n19/c84772/content.html.

[133] 陆雄文 . 管理学大辞典 [M]. 上海：上海辞书出版社，2013.
[134] 李联合 . 最高审计机关第十五届国际大会在开罗召开 [J]. 中国审计，1995.
[135] 崔献华 . 我国环境审计研究 [D]. 大连：东北财经大学，2007.
[136] 胡锦涛 . 坚定不移沿着中国特色社会主义道路前进为全面建成小康社会而奋斗 [R]. 北京：中国共产党全国代表大会，2012.
[137] 刘海龙 . 生态文明建设的全球视野 [J]. 云南社会科学，2012（01）：84-85.
[138] 钱忠好，任慧莉 . 中国政府环境责任审计改革：制度变迁及其内在逻辑 [J]. 南京社会科学，2014（03）：87-94.
[139] 王芸，李坤 . 我国政府环境审计的变迁与启示 [J]. 审计月刊，2016（06）：15-17.
[140] 潘岳 . 社会主义生态文明 [N]. 学习时报，2006-9-25.
[141] 俞可平 . 科学发展观与生态文明 [A]// 薛晓源，李惠斌 . 生态文明前沿报告 [M]. 上海：华东师范大学出版社，2007.
[142] 刘湘溶 . 推动我国生态文明建设迈上新台阶 [N]. 光明日报，2018-6-24（11）.
[143] 李全喜 . 习近平生态文明建设思想的内涵体系、理论创新与现实践履 [J]. 河海大学学报（哲学社会科学版），2015（6）：9-13.
[144] 陶良虎 . 建设生态文明 打造美丽中国：学习习近平总书记关于生态文明建设的重要论述 [J]. 理论探索，2014（2）：10-11.
[145] 习近平 . 生态兴则文明兴：推进生态建设 打造绿色浙江 [J]. 求是，2003（13）：42-44.
[146] 刘希刚，王永贵 . 习近平生态文明建设思想初探 [J]. 河海大学学报：哲学社会科学版，2014（4）：27-31.
[147] 习近平 . 坚持节约资源和保护环境基本国策 努力走向社会主义生态文明新时代 [N]. 人民日报，2013-05-25（1）.
[148] 习近平 . 携手共建生态良好的地球美好家园 [N]. 人民日报，2013-7-21（1）.
[149] 习近平 . 加快国际旅游岛建设 谱写美丽中国海南篇 [N]. 人民日报，2013-04-11（1）.
[150] 习近平 . 绿水青山就是金山银山 [N]. 人民日报，2014-7-11（12）.
[151] 习近平 . 共建丝绸之路经济带 [N]. 人民日报：海外版，2013-9-9（1）.
[152] 马克思，恩格斯 . 马克思恩格斯选集：第 4 卷 [M]. 中央编译局，译 . 北京：人民出版社，1995.
[153] 习近平 . 关于《中共中央关于全面深化改革若干重大问题的决定》的说明 [N]. 人民日报，2013-11-16（1）.
[154] 习近平 . 把义务植树深入持久开展下去 为建设美丽中国创造更好生态条件 [J]. 中国林业产业，2013（4）：9.

[155] 习近平 . 生态省建设是一项长期战略任务 [J]. 西部大开发，2013（3）：5.
[156] 周生贤 . 走向生态文明新时代：学习习近平同志关于生态文明建设的重要论述 [J]. 求是，2013（17）：17-19.
[157] 贾生华，陈宏辉 . 利益相关者的界定方法述评 [J]. 外国经济与管理，2002（5）：13-18.
[158] 李桂花，张建光 . 中国特色社会主义生态文明建设的基本内涵及其相互关系 [J]. 理论学刊，2014（2）：92-97.
[159] 刘静 . 中国特色社会主义生态文明建设研究 [D]. 北京：中共中央党校，2011.
[160] 中共中央国务院关于全面加强生态环境保护 坚决打好污染防治攻坚战的意见 [N]. 人民日报，2018-6-25（1）.
[161] 胡长生，王雄青 . 论我国生态文明建设的政治制度优势 [J]. 中国井冈山干部学院学报，2012（11）：122-127.
[162] 弗里德里希·冯·哈耶克 . 自有秩序原理 [M]. 邓正来，译 . 北京：生活·读书·新知三联书店，1997.
[163] 汉密尔顿·杰伊·麦迪逊 . 联邦党人文集 [M]. 程逢台，译 . 北京：商务印书馆，1982.
[164] 苏唯怡 . 增强和完善我国政府生态责任的多位思考 [D]. 长春：东北师范大学，2013.
[165] 李亚 . 论经济发展中政府的生态责任 [N]. 光明日报，2005-5-25.
[166] 李鸣 . 略论现代政府的生态责任 [J]. 环境与可持续发展，2007（2）：28-30.
[167] 霍春龙 . 论政府治理机制的构成要素、含义与体系 [J]. 探索，2013（01）：81-84.
[168] 鲍勃·杰索 . 治理的兴起及其失败的风险：以经济发展为例的论述 [A]. 国际社会科学（中文版），1999（2）.
[169] 秦荣生 . 深化政府审计监督 完善政府治理机制 [J]. 审计研究，2007.
[170] 陈文慧 . 我国生态文明建设制度的环境审计问题研究 [D]. 济南：济南经济大学，2016.
[171] 张薇，伍中信 . 国家生态文明战略的审计实现机制与路径 [J]. 管理现代化，2013（2）：1-3.
[172] 郑石桥，安杰，高文强 . 建设性审计论纲：兼论中国特色社会主义政府审计 [J]. 审计与经济研究，2013（4）：13-22.
[173] 邢祥娟，陈希晖 . 资源环境审计在生态文明建设中发挥作用的机理和路径 [J]. 生态经济，2014（9）：11-157.

[174] 马克思，恩格斯 . 马克思恩格斯全集（第二卷）[M]. 中央编译局，译 . 北京：人民出版社，2015.

[175] 谢满云 . 思路决定出路 [M]. 北京：中央编译出版社，2011.

[176] 杨志华，严耕 . 中国生态文明建设的六大类型及其策略 [J]. 马克思主义与现实，2012（06）：182-188.

[177] 刘西友，李莎莎 . 国家审计在生态文明建设中的作用研究 [J]. 管理世界，2015（01）：173-175.

[178] 山东省审计厅审计结果公告 [EB/OL]. [2018-7-28]. http://www.sdaudit.gov.cn.

[179] 北京市审计局审计结果公告 [EB/OL]. [2018-7-28]. http://www.bjab.gov.cn.

[180] 吴勋，武月 . 政府环境审计实施现状与改进建议：基于 2004—2015 年审计结果公告 [J]. 会计之友，2017（09）：120-123.

[181] 游春晖，张龙平 . 美国环境审计制度变迁及其启示 [J]. 财会月刊，2014（08）：91-94.

[182] 李苗苗 . 借鉴美国经验 完善我国政府环境审计 [J]. 财会月刊，2014（11）：98-101.

[183] 郑生 . 加拿大联邦审计署资源环境审计发展历程 [J]. 中国审计，2013（03）：75-76.

[184] 雷爱华 . 加拿大环境审计的特点和启示 [J]. 行政事业资产与财务，2014(02)：67-68.

[185] 尹淑坤 . 加拿大的环境审计 [J]. 中国人大，2013（03）：53-54.

[186] 陈怀玉 . 独具特色的荷兰环境审计 [J]. 商业会计，2006（14）：37-38.

[187] 张娟 . 国外环境审计法律制度对我国的启示 [J]. 法制与社会，2014（02）：47-48.

[188] 贺桂珍，吕永龙，王晓龙，等 . 荷兰的政府环境审计及其对中国的启示 [J]. 审计月刊，2006（01）30-34.

[189] 路广 . 荷兰环境审计法律制度的经验与启示 [J]. 南京审计学院学报，2011（01）：86-91.

[190] 周生贤 . 改革生态环境保护管理体制 [N]. 新华财经，2014-2-10.

[191] 李薇 . 拨开云雾重现蓝天 [EB/OL]. 山东省审计厅审计结果公告（2018-7-30）. http://www.sdaudit.gov.cn.

[192] 陈进 . 捕捉制度漏洞 促进项目健康发展 [EB/OL]. 广西壮族自治区审计厅审计案例（2018-7-30）. http://www.gxaudit.gov.cn.

[193] 李运亮 . A 省城镇污水垃圾处理项目跟踪审计案例 [EB/OL]. 广西壮族自治区审计厅审计案例（2018-7-30）. http://www.gxaudit.gov.cn.